工业机器人技术应用系列

工业机器人视觉与传感技术

李成春 主 编

郭 琼 商 进 副主编

U0268338

电子工业出版社

Publishing House of Electronics Industry

北京·BEIJING

内 容 简 介

本书分为两篇——视觉检测与传感器基础、机器视觉，主要内容包括：视觉检测与传感器的基础知识、电阻式传感器、电容式传感器、电感式传感器、电势式传感器、工业机器人视觉传感器、工业视觉中的图像处理、视觉软件 Halcon 的汉字识别、视觉应用——物体追踪、视觉技术基础、机器视觉技能实训、In-Sight 视觉处理过程。

本书可作为职业院校机电一体化、电气自动化、工业机器人技术应用等专业的教材，也可作为企业技术人员的有益读本。

图书在版编目（CIP）数据

工业机器人视觉与传感技术 / 李成春主编. —北京：电子工业出版社，2022.6
ISBN 978-7-121-36089-3

Ⅰ. ①工… Ⅱ. ①李… Ⅲ. ①工业机器人—计算机视觉—高等学校—教材 Ⅳ. ①TP242.2

中国版本图书馆 CIP 数据核字（2019）第 038565 号

责任编辑：朱怀永　　　　文字编辑：李书乐
印　　刷：天津千鹤文化传播有限公司
装　　订：天津千鹤文化传播有限公司
出版发行：电子工业出版社
　　　　　北京市海淀区万寿路 173 信箱　邮编　100036
开　　本：787×1 092　1/16　印张：11　字数：281.6 千字
版　　次：2022 年 6 月第 1 版
印　　次：2023 年 8 月第 3 次印刷
定　　价：39.80 元

凡所购买电子工业出版社图书有缺损问题，请向购买书店调换。若书店售缺，请与本社发行部联系，联系及邮购电话：（010）88254888，88258888。
质量投诉请发邮件至 zlts@phei.com.cn，盗版侵权举报请发邮件至 dbqq@phei.com.cn。
本书咨询联系方式：（010）88254608，zhy@phei.com.cn。

前　言

本书以应用为主，摒弃了晦涩的概念、复杂的公式及深奥的理论推导，重点介绍工业机器人视觉传感器及工业上常用传感器的应用。

在与同学们讨论的过程中，有些同学认为学习了那么多种传感器，却没能力制作一种传感器。他们觉得，只要学习几个传感器的工作原理，然后买来传感器，按照其说明书加以使用，这样收获会更多。是的，确实是这样。设计一种传感器要涉及很多知识，即使是使用相关的传感器，在选型的时候也需要一定的工作经验。编者在做实际项目时就遇到选择传感器的困难。例如，对于光电传感器，我们都知道其工作原理，但要选择一个能检测薄膜的光电传感器，就没那么容易了，再加上供货期要短、价格不能太贵、性能要稳定可靠等要求更是会增加选择的难度。关于传感器知识的学习，对于职业院校学生而言，更重要的是掌握传感器的应用，因为在实际工作岗位上传感器的选型和应用是基本能力要求，传感器的应用前景非常广阔。

编者细致地研究了自动化类专业的人才需求和培养定位，依据人才培养目标确立了本书编写大纲和主体内容，以期通过本书使学生们掌握传感器的基本原理和选用方法，为未来的职业发展奠定坚实的基础。

本书由无锡职业技术学院李成春担任主编，无锡职业技术学院郭琼、商进担任副主编。

本书能够顺利出版，编者要特别感谢黄麟教授给予的宝贵建议，感谢其他编者的齐心合力，感谢办公室同仁韩东起、苏卫峰、李霞、唐玉兰的不吝赐教。

编　者
2021 年 9 月

目　录

第一篇　视觉检测与传感器基础

第二篇 机器视觉

第一篇　视觉检测与传感器基础

单元一

视觉检测与传感器的基本知识

传感器能够把自然界的各种物理量、化学量等转换成电信号，再经过电子电路变换后进行采集和处理，从而实现对非电量的检测。传感器检测非电量的过程可以与人的器官相对应。人们用视觉、听觉、味觉、嗅觉和触觉等器官接收外界的信息，如通过视觉器官（眼睛）可获知物体的大小、形状等，通过听觉器官（耳朵）可以听到声音，通过嗅觉器官（鼻子）可以闻到气味，通过触觉器官（皮肤）可以感觉到物体的冷热等。人的眼睛相当于光敏传感器，如 CCD 或 CMOS 传感器、光敏电阻等；人的耳朵相当于压力传感器，如电容式和压电式传感器等；人的皮肤相当于压力传感器和温湿度传感器，如应变传感器、热电阻传感器等；人的鼻子相当于气敏传感器，如气体传感器等；人的舌头相当于味觉传感器，如离子传感器等。人的器官与传感器的对应关系如图 1-1 所示。

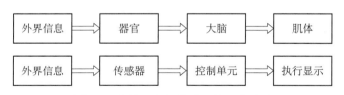

图 1-1　人的器官与传感器的对应关系

一、传感器的定义及组成

传感器是指能感知外界信息，并能按一定规律将这些信息转换成方便使用的电信号的装置。

传感器的组成包括以下几个部分。

敏感元件：能直接感知被测量的部分。

转换元件：将被测量转换成适于传输的电信号。

有些传感器还需对转换元件输出的电信号进行放大调制，形成标准电信号。有些智能传感器还带有显示单元、控制单元、输出单元等。智能传感器又称为传感器系统，其组成框图如图 1-2 所示。

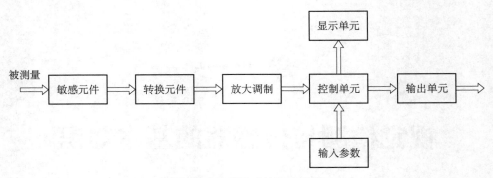

图 1-2　传感器系统组成框图

二、传感器的分类

常用的传感器有以下六种分类方法。

（1）按传感器检测的物理量分类：力学量、热学量、流体量、光学量、电量、磁学量、声学量、化学量、生物量等传感器；

（2）按传感器的工作原理分类：电阻、电容、电感、光栅、热电偶、超声波、激光、红外、光导纤维等传感器；

（3）按传感器的输出信号性质分类：数字式传感器、模拟式传感器；

（4）按信号处理方式分类：直接传感器、差分传感器、补偿传感器；

（5）根据能量的观点分类：有源传感器和无源传感器；

（6）按照传感器的工作机理分类：结构型传感器和物性型传感器。

三、传感器的特性

传感器的特性是指传感器的输入量和输出量之间的对应关系。通常把传感器的特性分为两种：静态特性和动态特性。

静态特性是指输入不随时间变化的特性，它表示传感器在被测量各个值处于稳定状态时输入与输出的关系。

动态特性是指输入随时间而变化的特性，它表示传感器对随时间变化的输入量的响应特性。

（一）传感器的静态特性

对传感器输入量产生影响的因素包括冲击、振动、电磁场，以及传感器的灵敏度等。对传感器输出量产生影响的因素包括温度、供电、各种干扰的稳定性，以及传感器的温漂、稳定性（零漂）、分辨力等。

为使仪表具有均匀的刻度读数，常用一条拟合直线近似地代表实际的特性曲线。

传感器静态特性的主要指标有：线性度、灵敏度、分辨力、重复性、迟滞、漂移等。

1. 线性度

线性度是指传感器的输入与输出之间线性关系的程度。理想情况下，传感器的输入/输出特性应是线性的，可用式（1-1）表示。通常情况下，传感器的实际输入/输出特性是一条曲线而非直线，可用式（1-2）表示。

$$y = a_0 + a_1 x \tag{1-1}$$

式中，y 为输出量，x 为输入量，a_0 和 a_1 为常数。

$$y = a_0 + a_1 x + a_2 x^2 + \cdots + a_n x^n \tag{1-2}$$

式（1-2）中，除了 1 次项外，还出现了 2 次项、3 次项等，2 次以上项的出现，使得输出与输入不再是式（1-1）所呈现的线性比例关系了，而是非线性关系。为了计算方便，常用一条拟合直线近似地代表实际的特性曲线，线性度（非线性误差）就是近似程度的一个性能指标。

2. 灵敏度

传感器在稳态工作情况下，在输入量变化 Δx 时输出量变化了 Δy，输出量的变化量 Δy 与输入量的变化量 Δx 的比值称为灵敏度，用 S 表示。

$$S = \frac{\Delta y}{\Delta x}$$

如果传感器的输出和输入之间呈线性关系，那么灵敏度是一个常数。若传感器的输出与输入之间是非线性关系，那么灵敏度在不同的输入时是不同的。某一工作点处的灵敏度，它随输入量的变化而变化。灵敏度与输入/输出的关系如图 1-3 所示。

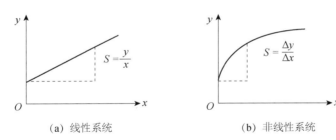

（a）线性系统　　　　　　　　　（b）非线性系统

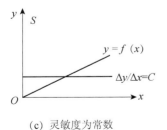　　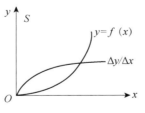　　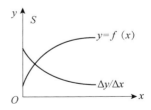

（c）灵敏度为常数　　　（d）灵敏度随输入增大而增大　　　（e）灵敏度随输入增大而增小

图 1-3　灵敏度与输入/输出的关系

3. 分辨力

分辨力是指传感器可感知的被测量的最小变化的能力。也就是说，如果输入量从某一非零值缓慢地变化，当输入量的变化值未超过某一数值时，传感器的输出不会发生变化，即传感器对此输入量的变化是分辨不出来的，只有当输入量的变化值超过某一数值时，传感器的输出才会发生变化，使传感器的输出发生变化的这个数值就是传感器的分辨力。通常，传感器在满量程范围内各点的分辨力并不相同，因此常用满量程中能使输出量产生阶跃变化的输入量中的最大变化值作为衡量分辨力的指标。

例如，应变式压力传感器，在100.0kg时输出的电压值为35mV，在100.2kg时输出的电压值仍为35mV，但在100.3kg时输出的电压值为36mV，则其分辨力为0.3kg。

分辨力与测量仪表也是有关的。如应变式压力传感器，若采用精度更高的电压表来测量，同样在100.0kg时输出的电压值为35.0mV，100.1kg时输出的电压值为35.1mV，那么其分辨力为0.1kg。

4. 迟滞

相同测量条件下，对应于同一大小的输入信号，传感器在正向（输入量增大）行程和反向（输入量减小）行程期间，输入/输出特性曲线不重合的程度称为迟滞，如图1-4所示。

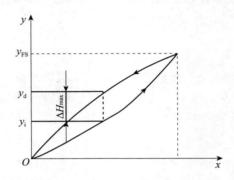

图1-4　传感器正向和反向行程的迟滞

对应于同一输入 x_i，正向行程时传感器输出 y_i，与反向行程时传感器输出 y_d 之间的差值叫滞环误差，这种现象称为迟滞现象。迟滞常用最大滞环误差 ΔH_{max} 与满量程输出 y_{FS} 之比表示，即 $e_H = \dfrac{\Delta H_{max}}{y_{FS}}$ 。

迟滞特性反映了传感器正、反向行程期间输入/输出特性曲线不重合的程度。迟滞现象产生的原因：传感器机械部分存在不可避免的摩擦、间隙、松动、积尘及电路老化、漂移等，引起能量的吸收和消耗。

5. 重复性

传感器在输入量按同一方向（增加或减小）做全量程多次测量时，所得输入/输出特性曲线的一致程度称为重复性，如图1-5所示。如果传感器多次在相同输入条件下测量的输出特性曲线越重合，误差越小，则其重复性越好。重复性误差反映了测量数据的离散程度。实际特性曲线不重复的原因与迟滞产生的原因相同。重复性是检测系统最基本的技术指标，是其他各项指标的前提和保证。

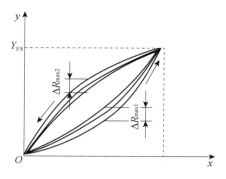

图 1-5　传感器输入/输出的重复性

6. 漂移

漂移是指在输入量不变的情况下，由于外界的干扰（例如温度、噪声等），传感器的输出量发生了变化。常见的有零点漂移和温度漂移，一般可通过串联或并联可调电阻器来消除。

① 零点漂移：零点漂移简称为零漂，是指传感器在无输入时，其输出值偏移零值的现象。零点漂移主要是由传感器自身结构参数老化等引起的。

② 温度漂移：温度漂移简称为温漂，是指在工作过程中输入量没有发生变化，而只是环境温度发生了变化，使传感器的输出量发生了变化。

（二）传感器的动态特性

传感器的动态特性是指传感器在动态激励（输入）时的响应（输出）特性，即其输出随时变输入的响应特性。对于理想的传感器来说，输出信号与输入信号具有相同的时间函数。但实际情况是，传感器的输出信号一般不会与输入信号具有完全相同的时间函数，输出与输入间的误差就是所谓的动态误差。一个动态性能好的传感器，不仅可以精确反映传感器输入信号的幅值大小，而且还能反映输入信号相位的变化。

传感器的动态特性可以用基于时域的瞬态响应法和基于频域的频率响应法来分析。时域分析：通常用阶跃函数、脉冲函数和斜坡函数作为激励信号，分析传感器的动态特性；频域分析：一般用正弦函数作为激励信号来分析传感器的动态特性。但为了方便比较和评价，常采用阶跃信号和正弦信号作为激励信号来分析传感器的动态特性。

四、机器视觉

1. 机器视觉的应用

（1）引导和定位

视觉定位要求机器视觉系统能够快速准确地找到被测零件并确认其位置。上下料操作时使用机器视觉来定位，引导机械手臂准确抓取工件。在半导体封装领域，设备需要根据机器视觉获取的芯片位置信息调整拾取头，准确拾取芯片并进行绑定。以上实例是机器视觉在工业领域最基本的应用之一。

（2）外观检测

检测产品的质量是在自动生产线上工业机器人取代人工最多的环节之一。在医药领域，机器视觉系统主要的应用包括尺寸检测、瓶身外观缺陷检测、瓶肩部缺陷检测、瓶口检测等。

（3）高精度检测

有些产品的精密度较高，达到 0.01～0.02mm 甚至 μm 级，人眼无法检测，必须使用机器视觉系统完成。

（4）识别

识别就是利用机器视觉系统对图像进行处理、分析和理解，以识别各种不同模式的目标和对象。利用机器视觉系统进行识别可以实现数据的采集和追溯，在汽车、食品、药品等领域应用较多。

2. 国内外常用机器视觉软件

（1）国际机器视觉软件平台和工具包

机器视觉软件开发模式是软件平台+工具包。国际上常用的机器视觉软件平台和工具包见表 1-1。

表 1-1　国际上常用的机器视觉软件平台和工具包

分类	简介			
软件平台	VC：通用，功能最强大	C#：易上手，比用 VC 开发的难度低，算法是调用标准库或者使用 C#与 C++混合编程	LabView：开发软件快，在测试领域应用广泛。有 LabView 基础，再调用 NI 的 Vision 图像工具包进行开发，周期短，易维护	VB、Delphi：用得较少
工具包	Halcon：底层算法多，运算速度快，是代码级开发，需要一定软件功底和图像处理知识	OpenCV：多用在计算机视觉，在机器视觉领域应用不太多。机器视觉的主要应用是定位、测量、OCR/OCV、外观检测，这几项不是 OpenCV 专长	NI Vision：软件图形化编程，上手快，开发周期短，但不是每个软件都功能强大。视觉工具包的优势是售价比大多数工具包或者算法便宜，整个工具包一个价格，而不是每个算法单独销售。其运算速度和精度没有 Halcon 和 VisionPro 好	VisionPro，图像处理工具包，大多数算法性能优越，封装质量好，上手快

（2）国内机器视觉软件

近几年，国内机器视觉软件发展迅速，但总体水平还需不断提升。做项目时，在能够完成视觉任务的情况下，建议多考虑使用国内机器视觉软件。下面介绍无锡信捷电气股份有限公司研发的机器视觉系统。

① 产品说明：无锡信捷电气股份有限公司推出的 X-Sight 高性能一体式机器视觉系统包括 SV4/SV5 系列相机、多种类工业镜头、多种光源、智能终端、光源控制器、视觉软件等全套产品。

② 相关技术。

a. RTOS 技术。采用可裁剪的嵌入式实时操作系统 DSP/BIOS，实现各任务线程的调度、同步，提高系统的可靠性和稳定性。

b. 光学成像技术。相机采用面阵 CCD 传感器技术，并行采集图像，精度高；采用双缓冲技术，大大提高 CCD 信号的采集速度。

c. 网络通信技术。采用 100MB 以太网实现 PC 机和一体机、智能终端和一体机的通信，图像传输速度快，一体机的配置信息、应用程序等可通过网络进行远程更新。

c. 图像处理技术。该技术为机器视觉系统的核心技术。系统任务量大，通过选择合适的图像处理算法来保证图像处理和识别的品质。

单元二

电阻式传感器

一、电阻应变式传感器

电阻应变片是一种敏感元件，将应变转换成电阻变化，若将其粘贴在弹性元件上，就构成了电阻应变式传感器。当被测物理量作用于弹性元件时，弹性元件的变形引起敏感元件发生应变而转变为电阻变化，通过转换电路输出电量，电量的大小反映了被测物理量的大小。这种传感器可以用来测量力、力矩、压力、重量、加速度等。

（一）电阻应变式传感器的工作原理

在弹性范围内，导体或半导体在外力作用下产生机械变形时，其阻值相应地发生变化，这种现象称为"应变效应"。

有一根电阻丝，长度为 l，面积为 A，电阻率为 ρ，则其阻值 R 可以用式（2-1）表示。

$$R = \rho \frac{l}{A} \tag{2-1}$$

电阻丝横向受到应力 σ 时，电阻率增加 $\Delta\rho$，长度伸长 Δl，横截面积减小 ΔA，则其阻值的相对变化量可以用式（2-2）表示。

$$\frac{\Delta R}{R} = \frac{\Delta\rho}{\rho} + \frac{\Delta l}{l} - \frac{\Delta A}{A} \tag{2-2}$$

对于直径为 d 的电阻丝，由于 $A = \frac{1}{4}\pi d^2$，等式两边取微分后，可以得到式（2-3）。

$$\frac{\Delta A}{A} = 2\frac{\Delta d}{d} \tag{2-3}$$

力学中，横向收缩和纵向伸长的关系用泊松比 μ 表示，如式（2-4）。

$$\mu = -\frac{\Delta d/d}{\Delta l/l} \tag{2-4}$$

所以，将式（2-2）、（2-3）和（2-4）综合后可得式（2-5）。

$$\frac{\Delta R}{R} = \frac{\Delta\rho}{\rho} + (1+2\mu)\frac{\Delta l}{l} \tag{2-5}$$

对于金属材料，其电阻的相对变化量 $\dfrac{\Delta R}{R}$ 主要取决于 $(1+2\mu)\dfrac{\Delta l}{l}$，其中，$\varepsilon=\dfrac{\Delta l}{l}$，称为应变。所以，金属材料电阻的相对变化量可以用式（2-6）近似表示。

$$\frac{\Delta R}{R}=(1+2\mu)\varepsilon \tag{2-6}$$

对于半导体材料，其电阻的相对变化量 $\dfrac{\Delta R}{R}$ 主要取决于 $\dfrac{\Delta\rho}{\rho}$，所以半导体材料电阻的相对变化量可以用式（2-7）近似表示。

$$\frac{\Delta R}{R}=\frac{\Delta\rho}{\rho}=\pi\sigma=\pi E\varepsilon \tag{2-7}$$

其中，π 为半导体材料的压阻系数，σ 为半导体材料所受的应变力，E 为半导体材料的弹性模量，ε 为半导体材料的应变。

（二）电阻应变片的分类

1. 金属电阻应变片

金属电阻应变片有丝式、箔式及薄膜式等结构形式，如图 2-1 所示。

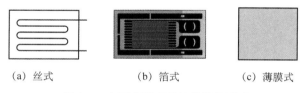

（a）丝式　　　　　（b）箔式　　　　　（c）薄膜式

图 2-1　金属电阻应变片的结构形式

丝式电阻应变片一般由直径 0.01～0.05mm 的电阻丝制成。制作时将其弯曲后粘贴在衬底上，其上还要粘贴覆盖层，两端焊接导线。使用时，将这种应变片粘贴在弹性体上就构成了应变式传感器。

箔式电阻应变片是用光刻、腐蚀等工艺制成的一种很薄的金属箔栅，其厚度一般为 0.003～0.01mm。其材料多为电阻率高、热稳定性好的铜镍合金。箔片与基片的接触面积较大，散热条件较好，在长时间测量时的蠕变较小，适合批量生产。

薄膜式电阻应变片的厚度在 0.1μm 以下的金属箔，采用真空沉积或高频溅射等方法，在绝缘基片上形成薄膜。其特点是应变灵敏系数大、可靠性好、精度高，易制成高阻抗的小型应变片，无迟滞和蠕变现象，是今后发展的趋势。

2. 半导体应变片

半导体应变片是利用其压阻效应制成的一种电阻性元件。半导体应变片半导体材料的轴向受力产生应力时，它的电阻率会发生变化，这种现象称为压阻效应。半导体应变片主要有以下几种类型：

① 体型半导体应变片，将半导体材料按一定方向切割成片状小条，经腐蚀压焊后粘贴在基片上而形成的应变片，如图 2-2 所示。

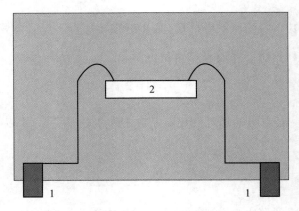

1—引线；2—Si 片；3—基片

图 2-2　体型半导体应变片

② 薄膜型半导体应变片，利用真空沉积技术将半导体材料沉积在带有绝缘层的基片上制成，如图 2-3 所示。

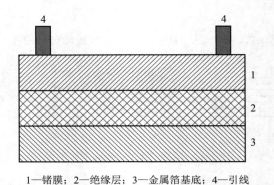

1—锗膜；2—绝缘层；3—金属箔基底；4—引线

图 2-3　薄膜型半导体应变片

③ 扩散型半导体应变片，将 P 型杂质扩散到 N 型单晶硅基片上，形成极薄的 P 型导电层，再通过特殊方法焊接引出线制作而成。这种应变片应用广泛。

（三）转换电路

由于机械应变一般较小，若将微小应变引起的微小电阻变化测量出来，同时把电阻的相对变化量 $\dfrac{\Delta R}{R}$ 转换成电量（电压或者电流）的变化，需要专用的测量电路，工业中常采用电桥电路。

1. 直流电桥

（1）单桥臂电桥电路

单桥臂电桥电路如图 2-4 所示。图中 E 为电源电压，R_1 为应变片，设 R_2、R_3、R_4 为与 R_1 等值的电阻。

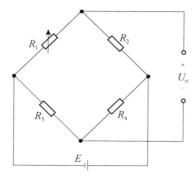

图 2-4　单桥臂电桥电路

当应变片 R_1 没受到外力作用时，输出电压 U_o 可用式（2-8）表示。

$$U_o = E\left(\frac{R_1}{R_1 + R_2} - \frac{R_3}{R_3 + R_4}\right) \qquad (2\text{-}8)$$

由于 $R_1 = R_2 = R_3 = R_4$ ，所以 U_o 等于零。

当应变片 R_1 受到外力作用时，阻值变成 $R_1 + \Delta R_1$ ，输出电压 U_o 可用式（2-9）表示。

$$U_o = E\left(\frac{R_1 + \Delta R_1}{R_1 + \Delta R_1 + R_2} - \frac{R_3}{R_3 + R_4}\right) \qquad (2\text{-}9)$$

由于 $R_1 = R_2 = R_3 = R_4$ ，所以式（2-9）可转变为式（2-10）。

$$U_o = E\left(\frac{R_1 + \Delta R_1}{R_1 + \Delta R_1 + R_1} - \frac{R_1}{R_1 + R_1}\right) = E\left(\frac{R_1 + \Delta R_1}{2R_1 + \Delta R_1} - \frac{1}{2}\right) = \frac{E}{4} \cdot \frac{\Delta R_1}{R_1}\left(\frac{1}{1 + \frac{\Delta R_1}{2R_1}}\right) \qquad (2\text{-}10)$$

当 $\Delta R_1 \ll R_1$ 时， U_o 约等于 $\frac{E}{4} \cdot \frac{\Delta R_1}{R_1}$ 。其中， $\frac{E}{4}$ 就是单桥臂电桥电路输出电压的灵敏度。

由上可知，在单桥臂电桥电路中，电源电压 E 与电阻的相对变化量 $\frac{\Delta R}{R}$ 是一个非线性关系，线性化后又存在一定的误差，此误差必须消除。

（2）双桥臂电桥电路

为了解决单桥臂电路在线性化后存在误差的问题，采用了双桥臂电桥电路（也称为差动电路），如图 2-5 所示。

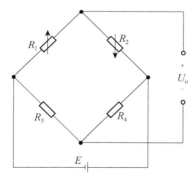

图 2-5　双桥臂电桥电路

图 2-5 中，E 为电源电压，R_1、R_2 为应变片，R_3、R_4 为电阻。设 $R_1 = R_2 = R_3 = R_4$，在应变片发生应变后，电阻变化量 $\Delta R_1 = \Delta R_2$。此时输出电压 U_o 可用式（2-11）表示。

$$U_o = E\left(\frac{R_1 + \Delta R_1}{R_1 + \Delta R_1 + R_2 - \Delta R_2} - \frac{R_3}{R_3 + R_4}\right) = \frac{E}{2} \cdot \frac{\Delta R_1}{R_1} \qquad （2\text{-}11）$$

由式（2-11）可知，双桥臂电桥电路的输出电压 U_o 与电阻的相对变化量 $\dfrac{\Delta R_1}{R_1}$ 成正比关系，其中 $\dfrac{E}{2}$ 为双桥臂电桥电路输出电压的灵敏度。

可见，一方面，双桥臂电桥电路解决了单桥臂电桥电路的输出非线性误差；另一方面，其灵敏度是单桥臂电桥电路灵敏度的 2 倍。为了进一步提高桥臂电桥电路输出电压的灵敏度，下面介绍了四桥臂电桥电路。

（3）四桥臂电桥电路

四桥臂电桥电路（又称为全桥臂电桥电路）如图 2-6 所示。

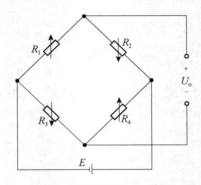

图 2-6　四桥臂电桥电路

图 2-6 中，E 为电源电压，R_1、R_2、R_3、R_4 为应变片。设 $R_1 = R_2 = R_3 = R_4$，在应变片发生应变后，电阻变化量 $\Delta R_1 = \Delta R_2 = \Delta R_3 = \Delta R_4$。此时输出电压 U_o 可用式（2-12）表示。

$$U_o = E\left(\frac{R_1 + \Delta R_1}{R_1 + \Delta R_1 + R_2 - \Delta R_2} - \frac{R_3 - \Delta R_3}{R_3 - \Delta R_3 + R_4 + \Delta R_4}\right) = E \cdot \frac{\Delta R_1}{R_1} \qquad （2\text{-}12）$$

由式（2-12）可知，四桥臂电桥电路的输出电压 U_o 与电阻的相对变化量 $\dfrac{\Delta R_1}{R_1}$ 成正比关系，其中 E 为四桥臂电桥电路输出电压的灵敏度。

2. 交流电桥

根据直流电桥的分析可知，其输出电压较小，一般测量电路中要增加放大器，而直流放大器易产生零漂，因此常采用交流电桥。交流电桥电路如图 2-7 所示，其中 $Z_1 = R_1 /\!/ C_1$，$Z_2 = R_2 /\!/ C_2$，$Z_3 = R_3 /\!/ C_3$，$Z_4 = R_4 /\!/ C_4$。

（1）单桥臂电桥电路

如图 2-7 所示，其中 U 为电源电压，Z_1 为应变片，Z_2、Z_3、Z_4 为与 Z_1 等值的阻抗。当 $\Delta Z_1 \ll Z_1$ 时，输出电压可用式（2-13）表示。

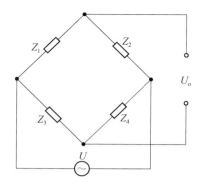

图 2-7　交流电桥电路

$$U_o = \frac{U}{4} \cdot \frac{\Delta Z_1}{Z_1} \qquad (2\text{-}13)$$

式中，$Z_1 = \dfrac{1}{\dfrac{1}{R_1} + j\omega C_1}$，$Z_2 = \dfrac{1}{\dfrac{1}{R_2} + j\omega C_2}$，$Z_3 = \dfrac{1}{\dfrac{1}{R_3} + j\omega C_3}$，$Z_4 = \dfrac{1}{\dfrac{1}{R_4} + j\omega C_4}$。

（2）双桥臂电桥电路

如图 2-7 所示，其中 U 为电源电压，Z_1、Z_2 为应变片，Z_3、Z_4 为阻抗，设 $Z_1 = Z_2 = Z_3 = Z_4$，$\Delta Z_1 = \Delta Z_2$ 时，输出电压可用式（2-14）表示。

$$U_o = \frac{U}{2} \cdot \frac{\Delta Z_1}{Z_1} \qquad (2\text{-}14)$$

（3）四桥臂电路

如图 2-7 所示，其中 U 为电源电压，Z_1、Z_2、Z_3、Z_4 为应变片，设 $Z_1 = Z_2 = Z_3 = Z_4$，$\Delta Z_1 = \Delta Z_2 = \Delta Z_3 = \Delta Z_4$ 时，输出电压可用式（2-15）表示。

$$U_o = U \cdot \frac{\Delta Z_1}{Z_1} \qquad (2\text{-}15)$$

（四）电桥电路的补偿

1. 零点补偿

电桥电路中的电阻应变片虽然精度高，但是四个应变片的阻值也是不可能完全相等。即使能挑选到四个阻值相等的应变片，在经过贴片后，其阻值也会发生变化，这样电桥在初始时就不平衡了，即初始时 $U_o \neq 0$。

一般在对角阻值乘积小的一个桥臂上，串接可调电阻进行补偿，如图 2-8 所示，这样能保证在初始时的输出电压 $U_o = 0$。这种补偿方式称为零点补偿。

2. 温度补偿

环境温度的变化，引起桥臂阻值的变化，由于其温度系数与测试材料的线膨胀系数不同，就会导致在初始状态下 $U_o \neq 0$。

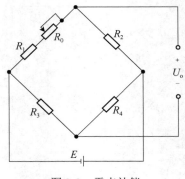

图 2-8 零点补偿

温度补偿一般采用补偿片补偿和弹性模量补偿。

温度补偿，用一个应变片作为工作片粘贴在试件上测应力，并接入电桥电路的一个桥臂；另一块应变片接在相邻的桥臂上。让电桥处于同一温度下。由于工作片和补偿片所受温度相同，因此温度对电桥的无影响。

由温度引起的零漂，可以认为是四个桥臂电阻的温度系数不一致引起的，可以在某一桥臂串接一个温度系数较大的可调电阻。

弹性模量补偿（又称为杨氏模量补偿），指在弹性变形内，产生变形时所受应力与材料产生的应变之比，它是材料的常数。当温度变化时，弹性模量也会发生变化。弹性元件受力温度升高，弹性模量减小，导致输出变大。补偿方法是在电桥的输入端接入补偿电阻 R_E。为了保证电桥对称，通常将 $R_E/2$ 分别接入电桥的输入端。

（五）电阻应变片的应用

1. 测力或荷重

测量力或荷重的传感器统称为应变式力传感器。其主要用在各种电子秤上，还可用于发动机的推力测试、水坝的承载监控等。应变式力传感器测量力电路如图 2-9 所示。

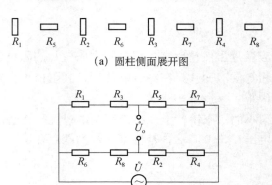

（a）圆柱侧面展开图

（b）桥路连接

图 2-9 应变式力传感器测量力电路

2. 测压力

电阻压变片用于测量压力时，主要是测量流动介质的动态或静态压力。如管道进出口的压力、发动机缸内压力、枪和炮管内压力、内燃机管道的压力等。电阻压变片压力测量示意图如图 2-10 所示。

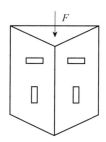

图 2-10　电阻压变片压力测量示意图

3. 测量加速度

测量加速度的基本工作原理是：物体运动的加速度与作用于它的力成正比，与物体的质量成反比，即 $a = \dfrac{F}{m}$。

二、热电阻式传感器

（一）热电阻

1. 热电阻

热电阻是利用导体的电阻率随温度变化而改变的特性来测量温度的。绝大部分物质都有这样的特性，但作为测量温度的热电阻还需具备以下特性。

① 电阻值与温度变化具有良好的线性关系；
② 电阻温度系数大，便于测量；
③ 电阻率高，热容量小，反应速度快；
④ 在测量范围内具有稳定的物理和化学性质；
⑤ 电阻材料纯，易加工，价格便宜。

基于上述的特性，工程中常用铂热电阻和铜热电阻。

（1）铂热电阻

铂热电阻值与温度的关系可表示为：

在 $-200\,℃ < t < 0\,℃$ 时，$R_t = R_0\left[1 + At + Bt^2 + C(t - 100)t^2\right]$

在 $0\,℃ < t < 850\,℃$ 时，$R_t = R_0\left(1 + At + Bt^2\right)$

式中，R_t 为 $t\,℃$ 时的铂热电阻值，R_0 为 $0\,℃$ 时的铂热电阻值，A、B、C 为热电阻类型中指定的系数。A 为 3.96847×10^{-3}，B 为 -5.847×10^{-7}，C 为 -4.22×10^{-12}。

我国规定工业用铂热电阻有 $R_0 = 10\Omega$ 和 $R_0 = 100\Omega$ 两种，它们的分度号分别为 P_{t10} 和 P_{t100}，其中 P_{t100} 最为常用。铂热电阻不同的分度号对应着不同的分度表，即 $R_t - t$ 的关系表。有了分度表，只要测得铂热电阻值 R_t，就可以从表中查出对应的温度值。

（2）铜热电阻

在一些测量精度要求不高、温度范围不大的场合，可以采用铜热电阻测温。其测温范围为-50～150℃。关系式可近似表示为：

$$R_t = R_0 (1 + At)$$

式中，R_t 为 t℃ 时的铜热电阻值，R_0 为 0℃时的铜热电阻值，A 为铜热电阻温度系数 $4.28 \times 10^{-3}/℃$。

铜热电阻有两个分度号，分别为 Cu_{50}（$R_0 = 50\Omega$）和 Cu_{100}（$R_0 = 100\Omega$）。铜热电阻的线性度好，价格便宜，但它的电阻率小，体积大，热惯性大，易氧化，测量范围窄，因此不适宜在腐蚀性或高温环境中测量。

（3）热电阻的结构和测量

工业用热电阻实物图如图 2-11 所示。它由电阻体、绝缘管、保护套、引线和接线盒等部分组成。

图 2-11　工业用热电阻实物图

电阻体由电阻丝和支架组成。引线通常采用直径为 1mm 的银丝或镀银铜丝，它与接线盒相连。

用热电阻传感器进行测温时，测量电路常采用电桥电路。而热电阻与信号处理单元之间有一定的距离，因此引线对测量结果有一定的影响。其内部引线方式有二线制、三线制和四线制。

二线制：两根线既是电源线又同时是信号线，一般用于 4～20mA 信号传输。其优点是接线简单，只适用一般功率小的一次传感器，传感器本身用电由二线制中得到，势必影响其带载能力。二线制接线中，引线电阻对测量的影响大，用于测量温精度不高的场合。

三线制：一根线为电源正线，一根线为信号正线，一根线为电源负线和信号负线的公共线；一般用于 1～5V 信号传输。三线制接线可以减小热电阻与信号处理单元之间连接导线的电阻，因环境温度变化所引起的测量误差。

四线制：电源两根线，信号两根线。电源和信号是分开工作的，即在三线制的基础上，信号线有自己的地，不和电源线共地。信号线的电流是总电流的一部分，且因为信号线不和电源线共地而相比三线制它的电流可能难以计算。四线制适用于大功率的传感器。四线制接线可以消除引线电阻对测量结果的影响，用于高精度测量。

（二）热敏电阻

1. 热敏电阻的工作原理及特性

热敏电阻是利用半导体的电阻随温度变化的特性制成的测温元件。其电阻率温度系数大，是金属材料的 $10\sim100$ 倍，因此其灵敏度高。

2. 热敏电阻的分类

按照温度系数可分为：负温度系数热敏电阻（NTC）、零界温度系数热敏电阻（CTR，是一种开关型 NTC，在零界温度附近阻值随温度上升急剧减小）、正温度系数热敏电阻（PTC）

按材料可分为陶瓷热敏电阻、单晶热敏电阻、非晶热敏电阻、塑料热敏电阻及金刚石热敏电阻等。

单元三

电容式传感器

电容式传感器是把被测量转换为电容量的一种传感器。电容式传感器具有结构简单、灵敏度高、动态响应好、适应性强、抗过载能力大及价格便宜等特点，能够用来测量力、压力、位移、振动、液位等参数。但电容式传感器存在泄漏电阻和非线性等缺点，这给它的应用带来了一定的局限性。

一、电容式传感器的工作原理

如图 3-1 所示，设两平行极板的正对面积为 A，两极板的垂直距离为 d，极板间介质的介电常数为 ε。

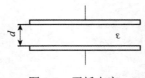

图 3-1　平板电容

如果忽略极板的边缘效应，则平行极板电容 C 的大小如式（3-1）所示。

$$C = \frac{\varepsilon A}{d} \tag{3-1}$$

由式（3-1）可知，A、d、ε 三个参数决定了电容 C 的大小。将其中两个参数不变，改变一个参数，则电容值将发生变化。这样被测量就与电容的大小存在着对应关系。

根据式（3-1），电容式传感器可分成三种类型：变极距、变面积和变介质。

二、电容式传感器的类型及特征

1. 变极距型电容式传感器

变极距型电容式传感器的示意图如图 3-2 所示。

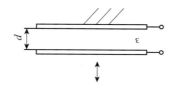

图 3-2　变极距型电容式传感器的示意图

电容的初始值 $C_0 = \dfrac{\varepsilon A}{d}$。当被测量变化，引起电容的极距 d 减小 Δd 时，C 的大小如式（3-2）所示。

$$C = \frac{\varepsilon A}{d - \Delta d} = C_0 \cdot \frac{1 + \dfrac{\Delta d}{d}}{1 - \left(\dfrac{\Delta d}{d}\right)^2} \tag{3-2}$$

当 $\Delta d \ll d$ 时，$1 - \left(\dfrac{\Delta d}{d}\right)^2 \approx 0$，则得式（3-3），

$$C = C_0 \cdot \left(1 + \frac{\Delta d}{d}\right) \tag{3-3}$$

由式（3-3）可知，要使电容 CC 与 Δd 为线性关系，需要 d 尽量地大。同时，要提高灵敏度，应减小 d。但是，过小的 d 易引起电容击穿，同时要提高加工精度。因此，工业上一般在板极间放置介电常数高的物质。

2. 变面积型电容式传感器

变面积型电容式传感器的示意图如图 3-3 所示。

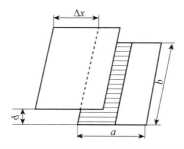

图 3-3　变面积型电容式传感器的示意图

电容的初始值 $C_0 = \dfrac{\varepsilon A}{d}$。当动极板平移 Δx 后，电容的正对面积减小，则电容值 C 如式（3-4）所示。

$$C = \frac{\varepsilon (a - \Delta x)}{d} = C_0 - \frac{\varepsilon b}{d} \Delta x \tag{3-4}$$

则，电容的变化量 ΔC 如式（3-5）所示。

$$\Delta C = C - C_0 = -\frac{\varepsilon b}{d} \Delta x = -C_0 \frac{\Delta x}{a} \tag{3-5}$$

其灵敏度如式（3-6）所示。

$$K = \frac{\Delta C}{\Delta x} = -\frac{\varepsilon b}{d} \qquad (3\text{-}6)$$

由式（3-6）可知，增加极板长度 b 或者减小动定极板间距离 d 均可提高其灵敏度。

图 3-4 所示为角位移型电容式传感器的示意图，当动极板旋转 θ 时，电容的两极板正对面积发生了变化，其电容值 C 如式（3-7）所示。

$$C = \frac{\varepsilon A}{d}\left(1 - \frac{\theta}{\pi}\right) = C_0 - C_0\frac{\theta}{\pi} \qquad (3\text{-}7)$$

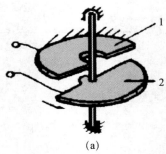

(a)

1—固定极板　2—动极板

图 3-4　角位移型电容式传感器的示意图

图 3-5 所示为变齿型电容式传感器的示意图，极板采用齿形，目的是提高灵敏度。当极板的齿数为 n，移动 Δx 后，其电容值 C 如式（3-8）所示，ΔC 的大小如式（3-9）所示。

$$C = \frac{n\varepsilon b(a - \Delta x)}{d} = n\left(C_0 - \frac{\varepsilon b}{d}\Delta x\right) \qquad (3\text{-}8)$$

$$\Delta C = C - nC_0 = -n\frac{\varepsilon b}{d}\Delta x \qquad (3\text{-}9)$$

所以，该传感器灵敏度的大小如式（3-10）所示。

$$K = \frac{\Delta C}{\Delta x} = -n\frac{\varepsilon b}{d} \qquad (3\text{-}10)$$

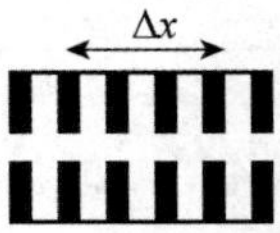

图 3-5　变齿型电容式传感器的示意图

由上面的分析可得，变面积型电容式传感的灵敏度系数为常数，输出与输入呈线性关系。

3. 变介质型电容式传感器

变介质型电容式传感器的示意图如图 3-6 所示。这种传感器可以用来测量液位、位移、厚度、粮食量、木材量等。

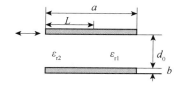

图 3-6　变介质型电容式传感器的示意图

图 3-6 中，a 为平行极板的长度，b 为平行极板的宽度，d 为平行极板的垂直距离，L 为第二种介质的长度，则电容值的初始值为 $C_0 = \dfrac{\varepsilon_1 ab}{d}$。当第二种介质进入电容后，电容 C 的大小如式（3-11）所示。

$$C = C_1 + C_2 = \frac{b}{d}\big[\varepsilon_1 L + \varepsilon_2 (a - L)\big] \qquad （3\text{-}11）$$

由式（3-11）可知，电容 C 与 L 呈线性关系。

当电容式传感器用于测量液位时，形成圆筒型电容式传感器，其结构图如图 3-7 所示。

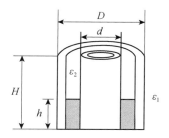

图 3-7　圆筒型电容式传感器的结构图

被测介质的介电常数为 ε_2，液面高度为 h，总高度为 H，内圆筒内径为 d，外圆筒外径为 D，电容值初始值 $C_0 = \dfrac{2\pi\varepsilon H}{\ln\dfrac{D}{d}}$，变化后的电容值 C 的大小如式（3-12）所示。

$$C = \frac{2\pi\varepsilon_2 h}{\ln\dfrac{D}{d}} + \frac{2\pi\varepsilon_1 (H - h)}{\ln\dfrac{D}{d}} = C_0 + \frac{2\pi h(\varepsilon_2 - \varepsilon_1)}{\ln\dfrac{D}{d}} \qquad （3\text{-}12）$$

由式（3-12）可知，电容 C 与 h 呈线性关系。

三、电容式传感器的测量电路

电容式传感器的测量电路有变压器电路、双 T 型电路、运放电路、脉冲电路、调频电路等。

1. 变压器电路

变压器电路如图 3-8 所示。

23

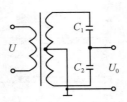

图 3-8　变压器电路

电路的输出电压 U_o 值如式（3-13）所示。

$$U_o = \frac{U}{2}\frac{Z_2 - Z_1}{Z_1 + Z_2} \tag{3-13}$$

其中，$Z_1 = \dfrac{1}{j\omega C_1}$，$Z_2 = \dfrac{1}{j\omega C_2}$，带入式（3-13）得 $U_o = \dfrac{U}{2}\dfrac{C_1 - C_2}{C_1 + C_2}$。如果 C_1、C_2 为差动式变极距电容，则 $C_1 = \dfrac{\varepsilon A}{d - \Delta d}$，$C_2 = \dfrac{\varepsilon A}{d + \Delta d}$，带入式（3-13）得到式（3-14）

$$U_o = \frac{U}{2}\frac{\Delta d}{d} \tag{3-14}$$

由式（3-14）可知，输出电压与极距呈线性关系。

2. 双 T 型电路

双 T 型电路如图 3-9 所示。

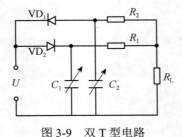

图 3-9　双 T 型电路

图 3-9 中，C_1、C_2 为差动式电容，当电源电压 U 为正半周期时，VD_1 导通，VD_2 截止，C_1 充电；当电源负半周期时，VD_1 截止，VD_2 导通，C_2 充电，而电容 C_1 则放电。在电容 C_1 的放电回路中，一路通过 R_1、R_L，另一路通过 R_1、R_2、VD_2，流过 R_L 的电流为 i_1。

在下一个正半周期，VD_1 导通，VD_2 截止，C_1 充电，C_2 放电。在电容 C_2 的放电回路中，一路通过 R_L、R_2，另一路通过 U、VD_1、R_1、R_2，流过 R_L 的电流为 i_2。

选择特性相同的二极管，且 $R_1 = R_2$，$C_1 = C_2$，则流过 R_L 的电流，i_1 和 i_2 的大小相等方向相反。在一个周期内流过 R_L 的平均电流为零，R_L 上无电压输出。如果 C_1、C_2 变化时，流过 R_L 的平均电流不为零，因此有电压输出。输出电压 $\bar{U}_o$ 的大小如式（3-15）所示。

$$\bar{U}_o \approx \bar{I}_L R_L = \frac{1}{T}\int_0^T \left[I_1(t) - I_2(t)\right]\mathrm{d}t R_L \approx \frac{R(R + 2R_L)}{(R + R_L)^2}R_L U f(C_1 - C_2) \tag{3-15}$$

式中，f 为电源频率。

3. 运放电路

运放电路即运算放大电路，如图 3-10 所示。

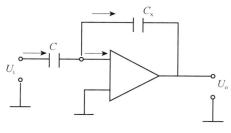

图 3-10 运放电路

根据理想运放特性，其输出电压的大小如式（3-16）所示。

$$U_o = -U_i \frac{C}{C_x} \qquad (3-16)$$

4. 脉宽调制电路

脉宽调制电路如图 3-11（a）所示。

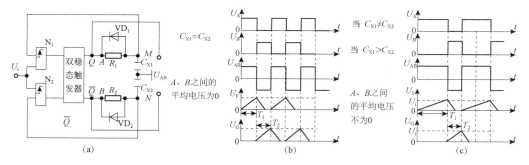

图 3-11 脉宽调制电路

电路根据差动式电容 C_{x1} 和 C_{x2} 的大小控制直流电压的通断，所得方波与 C_{x1} 和 C_{x2} 有一定的函数关系。

当双稳态触发器的 Q 端输出高电平时，通过 R_1 对 C_{x1} 充电。直到 M 点的电位等于参考电压 U_i 时，比较器 N_1 产生一个脉冲，使双稳态触发器翻转，Q 端为低电平，$\overline{Q}$ 端为高电平这时 C_{x1} 通过 VD_1 放电到零，同时 $\overline{Q}$ 端通过 R_2 对 C_{x2} 充电。

当 N 点的电位等于参考电压 U_i 时，比较器 N_2 产生一个脉冲，使双稳态触发器又翻转一次，Q 端为高电平，通过 R_1 对 C_{x1} 充电；同时，C_{x2} 通过 VD_2 放电到零。

以上过程重复进行，在双稳态触发器的两个输出端产生宽度受 C_{x1} 和 C_{x2} 调制的方波。

由图 3-11 可知，当 $C_{x1} = C_{x2}$ 时，两电容的充放电时间常数相等，两个方波宽度相等，输出电压平均值为零。当差动式电容处于工作状态时，$C_{x1} \neq C_{x2}$ 时，两电容的充电时间常数发生变化，T_1 正比于 C_{x1}，T_2 正比于 C_{x2}，这时输出电压的平均值不等于零。输出电压值 U_o 的大小如式（3-17）所示。

$$U_o = \frac{T_1}{T_1 + T_2}U_i - \frac{T_2}{T_1 + T_2}U_i = \frac{T_1 - T_2}{T_1 + T_2}U_i \qquad (3\text{-}17)$$

当 $R_1 = R_2$ 时，得到式（3-18）。

$$U_o = \frac{C_{x1} - C_{x2}}{C_{x1} + C_{x2}}U_i \qquad (3\text{-}18)$$

在变极距的情况下可得式（3-19）。

$$U_o = \frac{d_2 - d_1}{d_1 + d_2}U_i \qquad (3\text{-}19)$$

式（3-19）中，d_1 和 d_2 分别是电容 C_{x1} 和 C_{x2} 板极间的垂直距离。因差动式电容 $C_{x1} \neq C_{x2}$，设 $C_{x1} > C_{x2}$，则，$d_1 = d_0 - \Delta d$，$d_2 = d_0 + \Delta d$，（d_0 为差动电容的原始极距），则得到式（3-20）。

$$U_o = \frac{\Delta d}{d_0}U_i \qquad (3\text{-}20)$$

同理，变面积型差动式电容 $C_{x1} \neq C_{x2}$，则得到式（3-21）。

$$U_o = \frac{\Delta A}{A_0}U_i \qquad (3\text{-}21)$$

由式（3-20）和式（3-21）可知，脉宽调制电路的输出电压与电容的极距变化量呈线性关系，与面积变化量也呈线性关系。

5. 调频电路

调频电路的原理图如图 3-12 所示。

图 3-12　调频电路的原理图

这种电路是把电容与电感构成一个振荡谐振电路。当电容式传感器发生变化时，导致振荡频率发生相应的变化，再经过鉴频器将频率的变化转变成振幅的变化，经放大器后显示，这种方法称为调频法。

调频电路的频率 f 的大小如式（3-22）所示。

$$f = \frac{1}{2\pi\sqrt{LC}} \qquad (3\text{-}22)$$

当传感器工作时，电容改变了 ΔC，则有式（3-23）。

$$f_0 \mp \Delta f = \frac{1}{2\pi\sqrt{L(C_0 \pm \Delta C)}} \qquad (3\text{-}23)$$

四、电容式传感器的应用

1. 电容式加速度传感器

电容式加速度传感器的结构图如图 3-13 所示，也称为差动式电容加速度传感器。

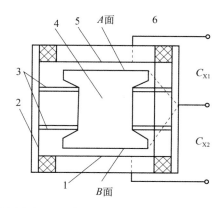

1，5—固定极板；2—壳体；3—弹簧；4—质量块；6—绝缘垫

图 3-13　电容式加速度传感器的结构图

　　电容式加速度传感器有两块固定极板（1 和 5，与壳体 2 绝缘），质量块（4，其两个平面作为差动式电容的动极板）由弹簧 3 支撑。当传感器壳体随被测对象沿垂直方向做直线加速度运动时，质量块在惯性空间中相对静止，两个固定极板将产生正比于加速度的位移。此位移使差动式电容的极距发生变化，从而使 C_1 和 C_2 产生大小相等、符号相反的变化量，此变化量正比于被测加速度。

2．电容式压力传感器

　　电容式压力传感器的结构图如图 3-14 所示，也称为差动式电容压力传感器。

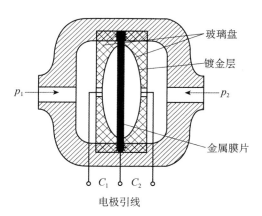

图 3-14　电容式压力传感器的结构图

　　差动式电容压力传感器的膜片为动极板，两个在凹形玻璃上的金属镀层为固定极板，构成差动电容。当压差作用于膜片上时，导致两个电容的电容量一个增加、一个减小，使得压差正比于电容的变化量。

3．差动电容测厚度

　　差动式电容测厚仪的系统组成框图如图 3-15 所示。

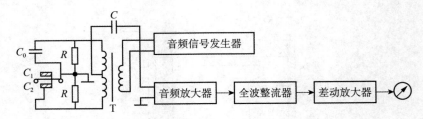

图 3-15　差动式电容测厚仪的系统组成框图

差动式电容测厚仪用来测量金属板材在轧制过程中的厚度。在被测板材的上下两侧各放置一块面积相等、与板材距离相等的极板，这样就构成了差动电容 C_1 和 C_2。如果板材的厚度发生变化，将引起差动式电容量的变化，用交流电桥可以测量出来。

单元四

电感式传感器

电感式传感器是利用被测量的变化引起线圈电感的变化来实现测量的。电感式传感器种类较多，本单元主要介绍自感式、互感式和电涡流式三种电感传感器。

一、自感式电感传感器

当线圈中有电流通过时，线圈的周围就会产生磁场。当线圈中电流发生变化时，其周围的磁场也发生相应的变化，此变化的磁场可使线圈自身产生感应电动势（电动势用于表示有源元件理想电源的端电压），这就是自感。

自感式电感传感器可分为变间隙型、变面积型和螺管型三类。

（一）自感式电感传感器的工作原理

1. 变间隙型电感式传感器

变间隙型电感式传感器的原理图如图 4-1 所示。

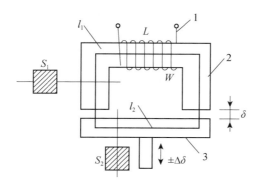

1—线圈；2—铁芯（定铁芯）；3—衔铁（动铁芯）

图 4-1　变间隙型电感式传感器的原理图

变间隙型电感式传感器由线圈、铁芯和衔铁组成。工作时，衔铁和被测物体相连，被测物体的位移引起气隙大小发生变化，这样导致气隙磁阻的变化，从而导致线圈电感的变化。

线圈的电感可以用式（4-1）表示。

$$L = \frac{N^2}{R_m} \tag{4-1}$$

式中，N 为线圈匝数；R_m 为磁路总磁阻。

对于变间隙型电感式传感器，忽略磁路铁损，则磁路总磁阻如式（4-2）所示。

$$R_m = \frac{l_1}{\mu_1 A} + \frac{l_2}{\mu_2 A} + \frac{2\delta}{\mu_0 A} \tag{4-2}$$

式中，l_1 为铁芯磁路的长度；l_2 为衔铁磁路的长度；μ_1 为铁芯的磁导率；μ_2 为衔铁的磁导率；μ_0 为空气的磁导率；A 为导磁体的横截面积；δ 为空气隙。因此有式（4-3）。

$$L = \frac{N^2}{R_m} = \frac{N^2}{\dfrac{l_1}{\mu_1 A} + \dfrac{l_2}{\mu_2 A} + \dfrac{2\delta}{\mu_0 A}} \tag{4-3}$$

当铁芯、衔铁的结构和材料确定后，式（4-3）中电感 L 与气隙 δ 呈一定的函数关系。由于 $\mu_0 \ll \mu$，则可获得线圈电感与气隙之间的关系，如式（4-4）所示。

$$L = \frac{N^2 \mu_0 A}{2\delta} \tag{4-4}$$

由式（4-4）可得出，变间隙型电感式传感器的电感与气隙之间是反比例关系。

2. 变面积型电感式传感器

由变间隙型电感式传感器可知，当气隙长度不变，铁芯和衔铁之间的覆盖面积变化时，导致线圈电感的变化，这种形式的传感器称为变面积型电感式传感器。

3. 螺管型电感式位移传感器

螺管型电感式位移传感器的原理图如图 4-3 所示。

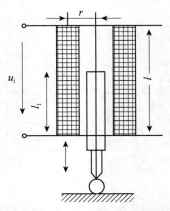

图 4-3　螺管型电感式位移传感器的原理图

螺管型电感式位移传感器主要由螺管线圈和铁芯组成，铁芯插入线圈中并可来回移动。

当铁芯发生位移时，引起线圈电感的变化。

设线圈长度为 l，线圈的平均半径为 r，线圈的匝数为 N，衔铁进入线圈的长度为 l_1，衔铁的半径为 r，铁芯的有效磁导率为 μ_m，则线圈的电感 L 与衔铁进入线圈的长度 l_1 之间的关系如式（4-5）所示。

$$L = \frac{4\pi^2 N^2 \mu A}{l^2}\left[lr^2 + \left(\mu_m - 1 \right) l_1 r^2 \right] \tag{4-5}$$

说明：

①变间隙型电感式传感器的灵敏度高，但非线性误差大，制作装配较困难。

②变面积型电感式传感器的灵敏度较变间隙型电感式传感器低，但线性度较好，量程大，使用广泛。

③螺管型电感式位移传感器的灵敏度低，但量程大，且结构简单，易于制作，是使用最为广泛的电感式传感器之一。

二、互感式电感传感器

两个电感线圈相互靠近时，一个电感线圈的磁场变化将影响另一个电感线圈，这种影响就是互感。互感的大小取决于电感线圈的自感与两个电感线圈耦合的程度，该传感器的原理图如图 4-4 所示。

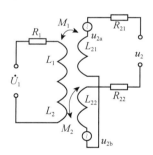

图 4-4 互感式电感传感器的原理图

图 4-4 所示的互感式电感传感器也称为差动变压器式电感传感器，其工作原理类似普通变压器。该传感器主要由衔铁、一次绕组和二次绕组组成。一、二次绕组间的耦合能随衔铁的移动而变化，即绕组间的互感随被测位移的改变而变化。该传感器采用二次绕组反向串接、差动输出方式。

忽略涡流损耗、磁滞损耗和分布电容等的影响，差动变压器工作在理想情况下，U_1 为一次绕组的激励电压，M_1 和 M_2 分别为一次绕组与两个二次绕组间的互感，L_1 和 R_1 分别为一次绕组的电感和有效电阻，L_{21} 和 L_{22} 分别为两个二次绕组的电感，R_{21} 和 R_{22} 分别为两个二次绕组的有效电阻。

当衔铁处在中间位置时，两个二次线圈绕组互感相同，由一次侧的激励引起的感应电势相同。由于两个二次绕组反向串接，所以差动输出电动势为零。

当衔铁移向二次绕组的一边（对应 L_{21}）时，M_1 增大，M_2 减小，因而二次绕阻 L_{21} 内感

应的电势大于 L_{22} 内感应的电势，差动输出电动势大于零。

同理，当衔铁移向二次绕组的另一边（对应 L_{22}）时，差动输出电动势小于零。

差动变压器式电感传感器的输出特性如图 4-5 所示。图中 u_{2a}、u_{2b} 分别为两个二次绕组的输出电动势，u_2 为差动输出电动势，Δx 表示衔铁偏离中心的距离。实线部分表示理论输出特性曲线，而虚线部分表示实际输出特性曲线。

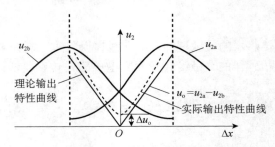

图 4-5　差动变压器式电感传感器的输出特性

Δu_o 为零点残余电动势，是由于差动变压器制作上的不对称及铁芯位置等因素造成的。

零点残余电动势的存在，使得传感器的输出特性在零点时不为零，给测量带来误差，其大小是衡量差动变压器性能好坏的重要指标。为了减小零点残余电动势，可采用以下措施。

① 尽可能保证传感器的几何尺寸、线圈电气参数及磁路的对称性。

② 选择合适的测量电路，如相敏整流电路，既可判断衔铁的移动方向又可改善输出特性，减小零点残余电动势。

③ 在差动变压器的二次侧串、并联适当的电阻电容元件，可减小残余电动势。

三、电涡流式传感器

电涡流式传感器是利用电涡流效应，将被测量变换为传感器线圈阻抗 Z 变化的一种装置。电涡流式传感器可以对金属表面进行多种物理量的非接触测量，如位移、振动、厚度、转速、应力、硬度等。这种传感器也可用于无损探伤。电涡流式位移传感器在金属体上产生涡流，其渗透深度与传感器线圈的激励电流的频率有关，所以电涡流式位移传感器主要分为高频反射和低频透射两类，前者应用较为广泛。

（一）电涡流式传感器的工作原理

电涡流效应是根据法拉第电磁感应定律，将块状金属导体置于变化的磁场中或在磁场中运动，由于切割磁力线使金属导体内产生涡旋状的感应电流，此电流的流动路线在金属导体内自己闭合，这种电流就叫作电涡流，如图 4-7 所示。

线圈置于金属导体上方，当线圈中通过交流电 i_1 时，线圈周围就产生一个交变的磁场 H_1。置于 H_1 中的金属导体就产生电涡流 i_2，i_2 也将产生一个新磁场 H_2，H_2 与 H_1 的方向相反，因此抵消部分 H_1，使线圈中的有效阻抗发生变化。

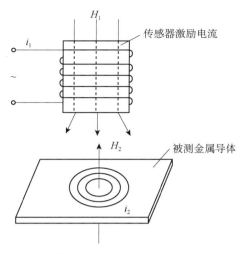

图 4-7　电涡流的工作原理

通常，线圈的阻抗与金属导体的电导率、磁导率、几何形状、线圈的几何参数、激励电流频率及线圈到被测金属导体间的距离有关。如果仅改变上述参数中的一个参数，其余参数不变，则阻抗就成为该参数变化的单值函数。

（二）高频反射型电涡流式传感器

高频反射型电涡流式传感器的结构简单，主要由一个固定在框架上的扁平线圈组成。线圈粘贴在框架的端部，或者绕在框架端部的槽内，如图 4-8 所示。

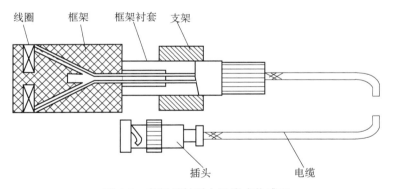

图 4-8　高频反射型电涡流式传感器

高频反射型电涡流式传感器的线圈与被测金属导体之间是磁性耦合，利用这种耦合程度的变化进行测量。因此，被测物体的物理性质，以及其尺寸和形状都与传感器的特性相关。一般来说，被测物体的电导率越高，传感器的灵敏度也越高。

（三）低频透射型电涡流式传感器

低频透射型电涡流式传感器有较好的穿透能力，能测量金属材料的厚度，其工作原理如图 4-9 所示。

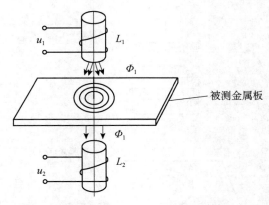

图4-9　低频透射型电涡流式传感器的工作原理

　　该传感器有发射线圈和接收线圈，分别位于被测金属板的上、下方。由振荡器产生低频电压 u_1 接到发射线圈 L_1 的两端，接收线圈 L_2 两端就会产生感应电压 u_2，u_2 的大小与 u_1 的大小、频率及两个线圈的匝数、结构和位置相关。如果 L_1 与 L_2 间无物体，则在 L_2 上产生的感应电压 u_2 最大。

　　如果 L_1 与 L_2 间有金属板，则在金属板内产生电涡流，该电涡流消耗了部分能量，这样 L_2 的磁感强度减小，从而导致 u_2 下降。

　　金属板的厚度越大，电涡流的损耗就越大，u_2 就越小。由此可见，u_2 的大小反映了金属板的厚度，可用式（4-6）表示。

$$u_2 \propto e^{-\frac{\delta}{x}} \tag{4-6}$$

式中，δ 为被测金属板的厚度；x 为贯穿深度，与 $\sqrt{\dfrac{\rho}{f}}$ 成正比，ρ 为金属板的电阻率，f 为交变磁场的频率。

　　为了较好地测量厚度，频率常选为 1kHz。频率太大，贯穿深度小于被测金属板的厚度，就不利于准确测量。

单元五

电势式传感器

电势式传感器可分为磁电式传感器、光电式传感器、热电式传感器、压电式传感器及霍尔传感器等。

一、磁电式传感器

（一）磁电式传感器的工作原理

磁电式传感器是依据电磁感应定律而工作的。法拉第电磁感应定律：通过回路中的磁通量发生变化时，回路中产生的感应电动势与磁通量对时间的变化率的负值成正比，如式（5-1）所示。

$$e = -N\frac{\mathrm{d}\Phi}{\mathrm{d}t} \tag{5-1}$$

式中，e 为感应电动势；N 为线圈匝数；Φ 为穿过线圈的磁通，单位为 Wb（韦[伯]）；t 为时间。

当线圈切割恒定磁场时，线圈两端的感应电动势如式（5-2）所示。

$$e = NBl\frac{\mathrm{d}x}{\mathrm{d}t}\sin\theta = NBlv\sin\theta \tag{5-2}$$

式中，e 为感应电动势；N 为线圈匝数；B 为磁场的磁感应强度，常用单位 T；l 为线圈的平均长度；x 为线圈运动的距离；v 为线圈运动的速度；θ 为线圈运动方向和磁场方向间的夹角。

如果线圈在磁场中做旋转运动，则线圈两端的感应电动势如式（5-3）所示。

$$e = NBA\omega\sin\theta \tag{5-3}$$

式中，e 为感应电动势；N 为线圈匝数；B 为磁场的磁感应强度；A 为线圈的面积；θ 为线圈运动方向和磁场方向间的夹角。

（二）磁电式传感器的种类及应用

1. 变磁通型磁电式传感器

图 5-1 为变磁通型磁电式转速传感器。

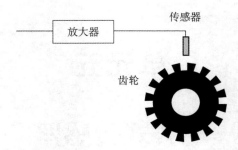

图 5-1　变磁通型磁电式转速传感器

运动部分：齿轮，由铁磁材料制成，安装在被测量轴上。固定部分：磁铁、感应线圈、极靴（又称极掌，由软铁制成）。

当被测轴以一定的角速度旋转时，带动齿轮一起转动，齿轮的齿尖和齿根交替经过极靴。这样就引起磁场中磁阻的改变，使得通过线圈的磁通也交替变化，从而导致线圈两端产生感应电势。齿轮的齿尖和齿根经过极靴，感应电势就完成一个周期 T。如果齿数为 z，转速为 n（r/min），则有式（5-4）。

$$T = \frac{60}{zn} \text{ 或 } f = \frac{zn}{60}$$ （5-4）

式中，f 为频率。

由式（5-4）可知，传感器输出的频率与被测轴的转速成正比。因此，只要测量出频率就可以计算出转速。

2. 恒磁通型磁电式传感器

图 5-2 为恒磁通型磁电式传感器的典型结构，它由永磁体 5、线圈 2、弹簧 3、金属骨架 1 和壳体 4 等组成。磁路系统产生恒定的直流磁场，磁路中的工作气隙固定不变，因而气隙中磁通也是恒定不变的。其运动部件可以是线圈，也可以是永磁体，因此又分为动圈式和动铁式两种结构类型。

图 5-2（a）所示为动圈式结构原理图，磁铁 5 与壳体 4 固定，线圈 2 和金属骨架 1 由弹簧 3 支撑。图 5-2（b）所示为动铁式结构原理图，线圈 2 和金属骨架 1 与壳体 4 固定，永磁铁 5 由弹簧 3 支撑。

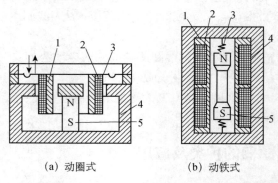

（a）动圈式　　　　　（b）动铁式

1—金属骨架；2—线圈；3—弹簧；4—壳体；5—永磁体

图 5-2　恒磁通型磁电式传感器的典型结构

动圈式和动铁式传感器的阻尼都是由金属骨架 1 和磁场发生相对运动而产生的电磁阻尼，所谓动圈、动铁都是相对于传感器壳体而言的。

二、光电式传感器

光电式传感器是采用光电元件作为敏感元件的传感器。测量时，首先将被测量的变化转变成光信号的变化，然后借助光电元件将光信号转变成电信号。

（一）光电式传感器的工作原理及光电元件

光电元件是光电式传感器的重要部件，常见的有真空光电元件和半导体光电元件两类。它们的工作原理都是基于光电效应。根据光的波粒二象性，认为光是一种以光速运动的粒子流，这种粒子称为光子。每个光子的能量为可用式（5-5）表示。

$$E = hv \qquad\qquad (5-5)$$

式中，E 为能量；h 为普朗克常量，$h = 6.63 \times 10^{-34}$ j•s；v 为光子的频率。

光照射到物体上，可以看作一连串能量为 hv 的光子轰击这个物体，光子的能量就传递给物体中的电子，获得能量的电子，其状态发生变化，从而使物体产生相应的电效应，这种现象称为光电效应。光电效应可分为以下三种类型：

① 在光线的照射下，电子逸出物体表面的现象称为外光电效应。基于外光电效应的光电元件有光电管、光电倍增管等。

② 在光线的照射下，使物体的电阻率改变的现象称为内光电效应。基于内光电效应的光电元件有光敏电阻、光敏晶体管等。

③ 在光线的照射下，使物体产生一定方向电动势的现象称为光生伏特效应。基于光生伏特效应的光电元件有光电池等。

1. 外光电效应的工作原理

光电管和光电倍增管是利用外光电效应制成的。

（1）光电管

光电管有真空光电管和充惰性气体光电管两种类型，均由阴极和阳极构成。阴极一般镀上光电发射材料，并需要足够的面积接受光的照射，阳极用细金属丝弯成圆形或矩形，放在玻璃管的中心，如图 5-3 所示。

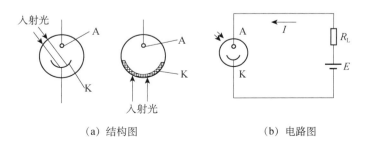

（a）结构图　　　　　　　　（b）电路图

图 5-3　光电管的结构图及电路图

电路中，光电管的阴极 K 与电源的负极相连，阳极 A 通过电阻 R_L 与电源的正极相连。当阴极受到光线照射时，电子从阴极 K 逸出，在电场力的作用下被阳极收集，形成光电流 I。随着光照强度的改变，I 的大小跟着改变。

充惰性气体光电管与真空光电管结构相同。由于电子对惰性气体分子的撞击，导致惰性气体分离，从而得到更多的正离子和自由电子，这样使得电流增加。但充惰性气体光电管频率特性较差，受温度影响大，伏安特性为非线性，所以在传感器仪表中一般用真空光电管。

（2）光电倍增管

当光照强度较弱时，光电管产生的光电流很小（零点几微安），为了提高灵敏度，常用光电倍增管。光电倍增管的原理图和结构示意图如图 5-4 所示。

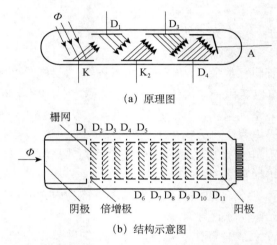

（a）原理图

（b）结构示意图

图 5-4　光电倍增管的原理图和结构示意图

光电倍增管的工作原理建立在光电发射和二次发射的基础上。图 5-4 中，K 为阴极；$D_1 \sim D_6$ 为二次发射体，也称倍增极；A 为阳极。工作时，相邻电极之间有一定的电动势差，其中阴极电动势最低，各倍增极电动势逐级升高，阳极电动势最高。当光线照射到阴极 K 后，从 K 上产生的光电子被加速后高速轰击 D_1，引起第二次电子发射，第二次发射的电子数是第一次发射的电子数的几倍；从 D_1 上发射出去的电子又被加速轰击 D_2，如此进行下去，直到电子到达阳极 A。

2. 内光电效应的工作原理

（1）光敏电阻

光敏电阻（又称为光电导管）是采用半导体材料制成的，利用内光电效应工作的光电元件。无光照时，光敏电阻值（暗电阻）很大，此时电路中的电流（暗电流）很小。有光照时，光敏电阻值（亮电阻）变小，此时，电路中的电流（亮电流）变大。一般情况下希望暗电阻越大越好，亮电阻值越小越好。光敏电阻的结构图示意图、电极及接线图如图 5-5 所示。

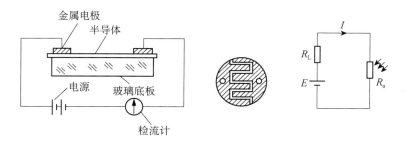

（a）结构示意图　　　　（b）光敏电阻电极　　　（b）光敏电阻接线图

图 5-5　光敏电阻的结构示意图、电极及接线图

光敏电阻的参数不仅有暗电阻、亮电阻，还有光电流，指亮电流和暗电流之间的差值。光敏电阻的特性如下。

① 光谱特性：一定照度时，输出的光电流与入射光波长的关系。

② 光电特性：光敏电阻的光电流与光照度之间的关系。

③ 伏安特性：光敏电阻两端电压与流过其电流之间的关系。

④ 频率特性：光敏电阻的输出电流与频率变化的关系。

⑤ 温度特性：光敏电阻的暗电流及光电流与温度的关系。

（2）光敏二极管

光敏二极管的结构与普通二极管相似，PN 结包装在透明的玻璃外壳中，如图 5-6 所示。

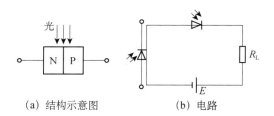

（a）结构示意图　　　　　　（b）电路

图 5-6　光敏二极管的结构示意图及其电路

电路中，光敏二极管处于反向工作状态，当没有光照时，反向电阻很大，反向电流很小，该反向电流称为暗电流。当有光照射在 PN 结上时，光子在 PN 结附近产生电子-空穴对，从而使得 P 区和 N 区的少数载流子浓度增加，它们在外加电压和 PN 结电场作用下定向运动，使得反向电流增加。如果入射光的照度变化，产生的电流也变化，光敏电阻就是这样将光信号转变成电信号的。

（3）光敏晶体管

光敏晶体管（又称为光敏三极管）具有两个 PN 结，其电路如图 5-7 所示。集电区做得很大，便于光的照射，基极一般无引出线。

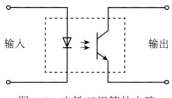

图 5-7　光敏三极管的电路

当光照射在集电极时，其附近聚集一定量的电子-空穴对，光电子被集电极吸引过去，基区附近就留有空穴，使得基极与发射极电压升高，晶体管导通。

光敏晶体管比光敏二极管灵敏度高，但要获得高增益或大电流的输出，需要采用达林顿光敏管。达林顿光敏管电路如图 5-8 所示。

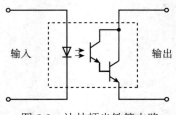

图 5-8　达林顿光敏管电路

光敏晶体管也具有光谱、光电、伏安、频率、温度等特性。

（4）光电编码器

① 光电编码器的简介。

光电编码器，又称为手轮脉冲发生器，简称手轮，是一种通过光电转换原理将输出轴的机械几何位移量转换为脉冲或数字量的传感器，主要应用于各种数控设备，是目前应用最多的传感器之一。

② 光电编码器的分类。

光电编码器有国标和非国标两种分类标准。按原材料的不同可分为天然橡胶型、塑料型、胶木型和铸铁型；按样式的不同可分为圆轮缘型、内波纹型、平面型、表盘型等；按工作原理的不同可分为光学型、磁型、感应型和电容型；按刻度方法和信号输出形式的不同可分为增量型、绝对型和混合型。

③ 光电编码器的工作原理。

光电编码器主要由光栅盘和光电检测装置构成，在伺服系统中，光栅盘与电动机同轴致使电动机的旋转带动光栅盘旋转，再经光电检测装置输出若干脉冲信号，根据该信号的每秒脉冲数便可计算当前电动机的转速。

光电编码器的码盘输出两个相位差为 90°的光码，根据双通道输出光码的状态的改变便可判断出电动机的旋转方向。

④ 增量型光电编码器的工作原理。

增量型光电编码器是光电编码器中的一种，其主要工作原理也是光电转换，但其输出的是 A、B、Z 三组方波脉冲。其中 A、B 两脉冲相位差为 90°，以判断电动机的旋转方向；Z 脉冲为每转一个脉冲，以便于基准点的定位。增量型光电编码器的结构示意图如图 5-9 所示。

⑤ 绝对型光电编码器的工作原理。

绝对型光电编码器的主要工作原理为光电转换，但其输出的是数字量。在绝对型光电编码器的码盘上有若干同心码道，每条码道由透光和不透光的扇形区间交叉构成，码道数就是其所在码盘的二进制数码位数；码盘的两侧分别是光源和光敏元件，码盘位置的不同会导致光敏元件受光照情况不同进而输出不同二进制数，因此可通过输出二进制数来判断码盘位置。绝对型光电编码器的示意图如图 5-10 所示。

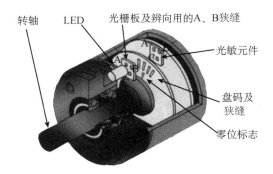

图 5-9　增量型光电编码器的结构示意图

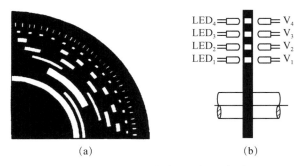

图 5-10　绝对型光电编码器的示意图

⑥ 混合型绝对值光电编码器的工作原理。

混合型绝对值光电编码器的工作原理同样为光电转换，其与增量型、绝对型光电编码器的不同在于输出量不同。混合型绝对值编码器输出的信息有两组，一组输出信息为 A、B、Z 三组方波脉冲，与增量型光电编码器的输出完全不同；另一组输出信息为绝对信息，主要用于磁极位置的检测。

3. 光电池的工作原理

光电池是一种将光能转换成电能的光电元件，其基于光生伏特效应，实质是一个大面积的 PN 结。当光照射到 PN 结的一个面，例如 P 面，若光子的能量大于半导体的禁带宽度，那么 P 区每吸收一个光子就产生一个电子–空穴对，这种浓度差的存在，使得电子–空穴对从表面向内部扩散，在电场的作用下，光生电子聚集到 N 区，光生空穴聚集到 P 区。这样 N 区带负电，P 区带正电。若用导线连接 P 和 N 极，则电路中就有光电流。硅光电池的结构示意图和等效电路如图 5-11 所示。

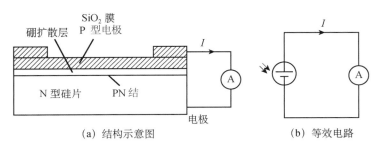

图 5-11　硅光电池的结构示意图和等效电路

光电池也具有光谱、光电、伏安、频率、温度等特性。

三、热电偶的工作原理

（一）热电偶的工作原理及其相关概念

1. 热电效应

热电偶电路是两种不同成分的导体组成的一个闭合回路，如图 5-12 所示。当闭合回路的两个接点（一个称为工作端或热端，另一个称为参考端、自由端或冷端）分别置于不同的温度场中，回路中将产生一个电动势（称为热电动势）。该电动势的大小、方向与导体的材料和两接点的温度有关，这种现象称为"热电效应"，两种导体组成的回路称为"热电偶"，这两种导体称为"热电极"。

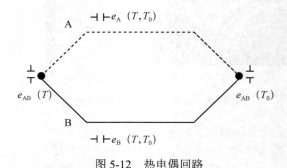

图 5-12　热电偶回路

热电动势由两部分组成，一部分是两种导体的接触电动势，另一部分是单一导体的温差电动势。

2. 接触电动势

A、B 两种不同材料的导体接触时，由于两者内部单位体积的自由电子数目不同（即电子密度不同），设导体 A 的自由电子密度大于导体 B 的自由电子密度，导体 A 扩散到导体 B 的电子数要多于导体 B 扩散到导体 A 的电子数。所以，在 A、B 的接触区形成了从 A 到 B 的电场。该电场方向与扩散方向相反，它将吸引电子向 A 移动，即阻碍扩散的进行。当扩散作用与阻碍扩散作用达到平衡时，A、B 便处于一种动态平衡。动态平衡下，A、B 两导体接触处就产生了电动势差，称为接触电动势。接触电动势的大小与导体的材料、接触点的温度有关，与导体的直径、长度及几何形状无关。对于温度分别为 T 和 T_0 的两个接点，可以得式（5-6）和式（5-7）。

$$e_{AB}(T) = U_{AT} - U_{BT} \tag{5-6}$$

$$e_{AB}(T_0) = U_{AT_0} - U_{BT_0} \tag{5-7}$$

式中，$e_{AB}(T)$、$e_{AB}(T_0)$ 为导体 A、B 在接触点温度为 T 和 T_0 时形成的接触电动势；U_{AT}、U_{AT_0} 分别为导体 A 在接触点温度为 T 和 T_0 时形成的电压；U_{BT}、U_{BT_0} 分别为导体 B 在接触点温度为 T 和 T_0 时形成的电压。

3. 温差电动势

导体 A、B 的两端分别置于不同的温度场 T 和 T_0（$T > T_0$）中，在导体内部，热端的自由电子具有较大的动能而向冷端移动，这样，热端失去电子带正电荷，冷端得到电子带负电荷。导体两端就产生了电场，该电场阻止电子从热端继续向冷端移动并吸引电子向热端移动，最后达到一种动态平衡。因此，导体两端就产生了电动势差，称为温差电动势。温差电动势的大小取决于导体的材料及两端的温度，如式（5-8）和式（5-9）所示。

$$e_{A}\left(T,\ T_0\right) = U_{AT} - U_{AT_0} \tag{5-8}$$

$$e_{B}\left(T,\ T_0\right) = U_{BT} - U_{BT_0} \tag{5-9}$$

式中，$e_{A}\left(T,\ T_0\right)$、$e_{B}\left(T,\ T_0\right)$ 分别为导体 A、B 两端温度为 T 和 T_0 时形成的电动势。

4. 热电偶的总电动势

将导体 A、B 头尾相接组成回路，设导体 A 的电子密度大于导 B 的电子密度，且两接触点的温度分别为 T 和 T_0（$T > T_0$），则在热电偶回路中存在四个电动势。热电偶回路的总电动势如式（5-10）所示。

$$E_{AB}\left(T,\ T_0\right) = e_{AB}\left(T\right) - e_{AB}\left(T_0\right) + e_{A}\left(T,\ T_0\right) - e_{B}\left(T,\ T_0\right) \tag{5-10}$$

实际上，热电偶回路中起主要作用的是接触电动势，因此式（5-11）可简化为式（5-11）。

$$E_{AB}\left(T,\ T_0\right) \approx e_{AB}\left(T\right) - e_{AB}\left(T_0\right) \tag{5-11}$$

（二）热电偶的基本定律

1. 均值定律

两种均质导体组成的热电偶，其热电势的大小只与材料及两接触点的温度有关，与热电偶的尺寸、形状及材料的温度分布无关，这就是均值定律。该定律说明，热电偶须由两种不同性质的均质材料组成。

2. 中间导体定律

用热电偶测量温度，须在回路中引入导线和仪表。接入导线和仪表后，是否影响回路中的热电动势呢？在热电偶测温回路中，接入第三种导体时，只要第三种导体两端温度相同，则对回路的总热电势没影响，这就是中间导体定律。接入中间导体的热电偶回路如图 5-13 所示。

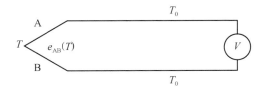

图 5-13　接入中间导体的热电偶回路

3. 标准电极定律

如果两种导体分别与第三种导体组成热电偶所产生的热电动势已知，则由这两种导体组成的热电动势可以计算得到。

如果已知 $E_{AC}(T, T_0)$、$E_{BC}(T, T_0)$，则有式（5-12）和式（5-13）。

$$E_{AC}(T, T_0) = e_{AC}(T) - e_{AC}(T_0) \tag{5-12}$$

$$E_{BC}(T, T_0) = e_{BC}(T) - e_{BC}(T_0) \tag{5-13}$$

两式相减得到式（5-14）。

$$E_{AB}(T, T_0) = E_{AC}(T, T_0) - E_{BC}(T, T_0) \tag{5-14}$$

4. 中间温度定律

热电偶在两接触点温度分别为 T、T_0 时的热电动势等于该热电偶在接触点温度分别为 T、T_n 和为 T_n、T_0 时的相应热电动势的代数和，这就是中间温度定律，如式（5-15）所示。

$$E_{AB}(T, T_0) = E_{AB}(T, T_n) + E_{AB}(T_n, T_0) \tag{5-15}$$

中间温度定律为补偿导线的使用提供了理论依据。该定律表明：热电偶的两热电极被两根导线延长，只要接入的两根导线的热电特性与热电偶的热电特性相同，且连接导线的两点温度相同，则总回路的热电动势与连接触点温度无关。

四、压电式传感器

（一）压电传感器的工作原理

1. 压电效应

某些晶体，在一定方向上受到外力作用时，内部产生极化现象，相应地在晶体的两个表面产生极性相反的电荷；当外力除去后，又恢复到不带电的状态。当作用力方向改变时，电荷的极性也随之改变，这种现象称为压电效应。

2. 石英晶体的压电效应

石英晶体是一种应用广泛的压电晶体，它是二氧化硅单晶，属于六角晶体，如图 5-14 所示。石英晶体是规则的六角棱柱体，z 轴称为光轴，它与晶体的纵轴方向一致；x 轴称为电轴，它通过六面体相对的两个棱线，并垂直于光轴；y 轴称为机械轴，它垂直于两个相对的晶柱棱面。

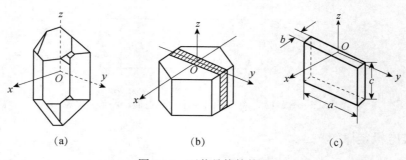

(a)　　　　　　　(b)　　　　　　　(c)

图 5-14　石英晶体的外形

　　当沿着 x 轴对晶片施加力时，将在垂直于 x 轴的表面上产生电荷，这种现象称为纵向压电效应。沿着 y 轴对晶片施加力时，仍在垂直于 x 轴的表面上产生电荷，这种现象称为横向压电效应。当沿着 z 轴对晶片施加力时，将不产生压电效应。

　　每个石英晶体单元中，有三个硅离子和六个氧离子，分别分布在正六边形的顶角上。当作用力为零时，正负电荷相互平衡，所以晶体对外表现为不带电。如果 x 轴方向施加压力，则氧离子 1 被挤入硅离子 2 和 6 中间，而硅离子 4 被挤入氧离子 3 和 5 之间，结果在表面 A 上出现负电荷，在表面 B 上出现正电荷。如果所受拉力时，则表面 A、B 的电荷极性就与前面的情况相反。

　　同理，沿 y 轴方向施加压力，则在面 A、B 上出现正电荷，施加拉力时，电荷极性与前面的相反。

　　沿 z 轴方向施加压力，由于硅离子和氧离子对称平移，故表面没有出现电荷，因而不产生压电效应。

3. 压电陶瓷的压电效应

　　压电陶瓷是一种多晶铁电体，是具有电畴结构的压电材料。在一定温度下，对压电陶瓷进行极化处理（用强电场使电畴规则排列），这时压电陶瓷就有了压电性。在极化电场除去后，电畴基本保持不变，留下很强的剩余极化，如图 5-15 所示。

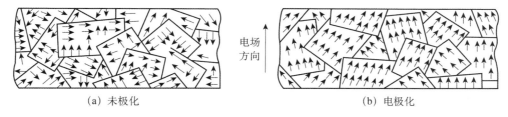

（a）未极化　　　　　　　　　　　　　　（b）电极化

图 5-15　压电陶瓷的极化

五、霍尔传感器

　　导体或半导体薄片置于磁场中，在垂直于电流和磁场的方向上将产生电动势，这种现象称为霍尔效应，该电动势称为霍尔电动势。霍尔效应原理图如图 5-16 所示。

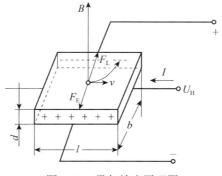

图 5-16　霍尔效应原理图

当没有磁场时（$B=0$），在半导体的左右两端通过电流 I（称为控制电流），半导体中的电子沿直线运动。当加上竖直向上的磁场 B 时，电子在洛仑兹力 F_L 的作用下向内侧偏移。这样在内侧就积聚了大量电子，外侧积聚了大量正电荷，两侧间就形成了电场，这个电场就是霍尔电场，电场强度 E_H 如式（5-16）所示。

$$E_H = \frac{U_H}{b} \tag{5-16}$$

式中，U_H 为内外两侧的电动势差，b 为内外两侧的垂直距离。

洛仑兹力 F_L 的大小如式（5-17）所示。

$$F_L = Bvq \tag{5-17}$$

式中，B 为磁感应强度；v 为载流子的运动速度；q 为载流子电荷。

上述电场对电子的作用和洛仑兹力对电子的作用方向相反，当二者相等时，达到动态平衡。即，$E_H q = Bvq$，则有式（5-18）。

$$E_H = Bv \tag{5-18}$$

将式（5-18）带入式（5-16）得到式（5-19）

$$U_H = Bvb \tag{5-19}$$

而材料中电子浓度为 n 时，则有式（5-20）。

$$v = \frac{I}{nqbd} \tag{5-20}$$

将式（5-20）带入式（5-19）得到式（5-21）。

$$U_H = \frac{1}{nqd}IB = R_H \frac{IB}{d} = K_H IB \tag{5-21}$$

式中，$R_H = \frac{1}{nq}$，称为霍尔系数；$K_H = \frac{1}{nqd}$，称为霍尔灵敏度。

通过上述分析可知，霍尔电动势正比于电流强度和磁场强度，且与霍尔元件的形状相关。当电流恒定、元件的形状确定后，霍尔电动势正比于磁场强度。当所加磁场方向改变时，霍尔电动势的符号也随之改变。因此，利用霍尔元件可以测量磁场的大小和方向。

第二篇　机器视觉

单元六

工业机器人视觉传感器

一、光源

设计和组建机器视觉系统时最关键的工作之一是正确选择光源，机器视觉光源直接影响图像的质量，进而影响视觉系统的性能。所以光源的作用就是获得对比鲜明的图像。

机器视觉系统的核心功能是图像的采集和处理。由于所有的信息均来源于图像，所以图像本身的质量对整个视觉系统极为关键。而光源则是影响机器视觉系统图像质量的重要因素，它直接影响输入数据的质量和至少 30%的应用效果。设计适当的光源进行照明，可以使图像中的目标信息与背景信息得到最佳地分离，从而大大降低图像处理算法中分割、识别的难度，同时提高系统的定位、测量精度，使系统的可靠性和综合性能得到提升。反之，如果光源设计不当，会导致在图像处理算法设计和成像系统设计事倍功半。因此，光源及光学系统设计的成败是决定机器视觉系统成败的首要因素。

1. 光源的改善

应综合以下几点进行光源改善。

① 稳定均匀的光源极其重要。

② 光源改善的目的是，将对象物（或称被测物）与背景尽量明显地区分开。

③ 摄取图像时，最重要的是如何鲜明地获得被测物与背景的浓淡差。

④ 目前，在图像处理领域中应用最广泛的技术手段是二值化（白黑）处理。

⑤ 为了能够突出图像的特征，在打光手法上包括明视野和暗视野。明视野：用直射光来观察对象物整体（直射光呈白色）。暗视野：用散乱光来观察对象物整体（散乱光呈黑色）。

2. 光源的作用

光源的作用如下：

① 照亮对象物，提高对象物的亮度。

② 形成最有利于图像处理的成像效果。

③ 克服环境光干扰，保证图像的稳定性。

④ 用作测量的工具或参照。

由于没有通用的机器视觉照明设备，所以针对每个特定的应用实例，都要设计一定的照明装置，以达到最佳效果。机器视觉系统光源的价值也正在于此。

图像质量的好坏，就是看图像边缘的锐利度，具体包括以下几点：

① 是否将感兴趣部分和其他部分的灰度值差异加大；

② 是否消隐了不感兴趣的部分；

③ 是否提高了信噪比；

④ 是否减少了因材质、照射角度对成像的影响。

3. 光源的选型

进行光源选型时，应根据检测内容、对象物、限制条件等具体情况及相关要求进行确定。

（1）检测内容

检测内容通常包括以下几点。

① 外观检查；

② OCR（Optical Character Recognition），字符识别；

③ 尺寸测定；

④ 定位。

（2）对象物

测量时，应根据相关要求观察对象物，重视以下几点。

① 想看什么（异物、伤痕、缺损、标识、形状等）；

② 表面状态（镜面、糙面、曲面、平面）；

③ 立体还是平面；

④ 材质、表面颜色；

⑤ 视野范围；

⑥ 动态还是静态（相机快门速度）。

（3）限制条件

限制条件包括以下几点。

① 工作距离（镜头下端到对象物表面的距离）；

② 设置条件（照明的强度、照明下端到对象物表面的距离等）；

③ 周围环境（温度、外界光线）；

④ 相机的种类（面阵或线阵）。

4. LED 光源

常用的光源有 LED 光源、卤素灯（光纤光源）和高频荧光灯，目前 LED 光源最常用。

1）LED 光源的特点

① 可制成各种形状、尺寸及照射角度；

② 可根据需要制成各种颜色，并可以随时调节亮度；

③ 包含散热装置，散热效果越好，光亮度越稳定；

④ 使用寿命长；

⑤ 反应快捷，可在 10μs 或更短的时间内达到最大亮度；

⑥ 电源带有外触发，可以通过计算机控制，启动速度快，可以用作频闪灯；

⑦ 使用成本低、寿命长的 LED 光源会在综合成本和性能方面体现出更大的优势；

⑧ 可根据客户的需要进行特殊设计。

2）LED 光源的分类

（1）环形光源

环形光源可提供不同照射角度、不同颜色组合的光线，更能突出对象物的三维信息；其为高密度 LED 阵列，具有高亮度；其结构紧凑，节省安装空间；可解决对角照射阴影问题；可选配漫射板导光，光线均匀扩散。

应用领域：PCB 基板检测、IC 元件检测、显微镜照明、液晶校正、塑胶容器检测和集成电路印字检查等。

（2）背光源

背光源用高密度 LED 阵列面提供高强度背光照明，能突出物体的外形轮廓特征，尤其适合作为显微镜载物台的光源。背光源包括红白两用背光源、红蓝多用背光源两种类型，能调配出不同颜色，满足不同被测物多色的要求。

应用领域：机械零件尺寸的测量，电子元件、IC 元件的外形检测，胶片污点的检测和透明物体划痕检测等。

（3）条形光源

条形光源是较大方形结构被测物的首选光源。其颜色可根据需求搭配、自由组合，照射角度与安装位置随意可调。

应用领域：金属的表面检查、图像扫描、表面裂缝检测和 LCD 面板检测等。

（4）同轴光源

同轴光源可以消除物体表面因不平整引起的阴影，从而减少干扰。部分同轴光源采用分光镜设计，减少光损失，提高成像清晰度，均匀照射物体表面。

应用领域：同轴光源最适宜用于反射度极高的物体，如金属、玻璃、胶片、晶片等表面的划伤检测，芯片和硅晶片的破损检测，Mark 点定位，包装条码识别。

（5）自动光学检测（AOI，Automated Optical Inspection）专用光源

自动光学检测专用光源的特点是：采用不同角度的三色光照明，凸显焊锡三维信息；外加漫射板导光，减少反光；不同角度组合。

应用领域：印制电路板焊锡检测。

（6）球积分光源

球积分光源具有积分效果的半球面内壁，均匀反射从底部 360° 发射出的光线，使整个图像的照度十分均匀。

应用领域：适用于表面为曲面、凹凸不平、呈弧形的表面检测，或金属、玻璃等表面反光较强物体的表面检测。

（7）线形光源

线形光源采用柱面透镜聚光，具有超高亮度，适用于各种流水线连续检测的场合。

应用领域：阵列相机照明专用，AOI 专用。

（8）点光源

点光源一般为大功率的 LED 光源，其体积小，发光强度高；是光纤卤素灯的替代品，尤其适合作为镜头的同轴光源；包含高效的散热装置，因此大大提高了光源的使用寿命。

应用领域：适合用于远心镜头、芯片检测，Mark 点定位，晶片及液晶玻璃底基校正。

（9）组合条形光源

组合条形光源是四边配置条形光，每边照明独立可控的光源；可根据被测物的要求调整所需照明的角度，适用性广。

应用领域：CB 基板检测、IC 元件检测、焊锡检查、Mark 点定位、显微镜照明、包装条码照明和球形物体照明等。

（10）对位光源

对位光源的对位速度快、视场大、精度高、体积小，便于检测集成；亮度高，可选配辅助环形光源。

应用领域：VA 系列对位光源是全自动电路板印刷机对位的专用光源。

5. 光源的相关特性

① 光的透过特性（透明度）因物质材质和厚度的不同而不同。
② 光由于其波长的长短不同，对物质的穿透能力（穿透率）也不同。
③ 光的波长越长，对物质的穿透性越强；光的波长越短，在物质表面的扩散率越大。
④ 透射照明是使光线透射对象物并观察其透过光的照明手法。

二、镜头

镜头的基本功能是实现光束变换（调制）。在机器视觉系统中，镜头的主要作用是将目标成像在图像传感器的光敏面上。镜头的质量直接影响机器视觉系统的整体性能，合理地选择和安装镜头是机器视觉系统设计的重要环节。

1. 镜头匹配

在进行机器视觉系统设计时，应选择与摄像机接口及 CCD（Charge Coupled Device，电荷耦合器件）的尺寸相匹配的镜头。镜头的接口方式分为 F 型、C 型和 CS 型。F 型接口是通用型接口，一般适用于焦距大于 25mm 的镜头；当镜头的焦距小于 25mm 时，因镜头的尺寸不大，常采用 C 型或 CS 型接口。目前，C 型和 CS 型接口应用较广。

C 型和 CS 型接口的区别：镜头与摄像机接触面至镜头焦平面（摄像机 CCD 光电感应器应处的位置）的距离不同，C 型接口的距离为 17.5mm，CS 型接口的距离为 12.5mm。

虽然小型的安防用的 CS 型接口摄像机得到普及，但工厂自动化（Factory Automation，FA）行业大部分是 C 型接口摄像机与镜头的组合。其对应的 CCD 相机的尺寸，市场上一般根据用途使用 2/3 寸到 1/3 寸的产品。CCD 相机的型号与尺寸见表 6-1。

表 6-1　CCD 相机的型号与尺寸

CCD	CCD 尺寸/mm		
CCD 型号	水平 H	垂直 V	对角 D
1 型	12.8	9.6	16.0
2/3 型	8.8	6.6	11.0
1/2 型	6.4	4.8	8.0
1/3 型	4.8	3.6	6.0
1/4 型	3.6	2.7	4.5
35mm 胶片	36.0	24.0	43.3

2. 互换性

① C 型接口镜头可以与 C 型接口摄像机、CS 型接口摄像机互用。C 型接口镜头与 CS 型接口摄像机之间增加一个 5mm 的 C/CS 转接环即可以配合使用。

② CS 型接口镜头不可以应用在 C 型接口摄像机上，只可以应用在 CS 型接口摄像机上。

3. KERARE

摄像机如果配备小 CCD 尺寸的镜头，那么其周边没有摄取到图像的部分将呈现出黑色，我们称其为 KERARE。

4. 镜头的制作

将折射率不同的各种硝材通过研磨加工成高精度的曲面，再把这些曲面进行组合，就可以获得镜头。为了得到更清晰的图像，技术人员一直在研究和试制新的硝材与非球面镜片。

5. 焦距

焦距是主点到成像面的距离，这个数值决定了摄影范围的大小。数值小，成像面距离主点近，对应是短焦距镜头。这种情况下的画角是广角，可拍摄范围较广的场景。相反地，数值大，成像面距离主点远，对应是长焦距镜头，画角变窄（望远）。

6. 与镜头相关的概念

（1）镜头的通光量

镜头的通光量与口径和焦距的变化有关。一般用 F 表示镜头的通光量，另外镜头中有用于调整通光量的光圈构件，可根据使用条件来调整通光量。

（2）镜头成像大小的计算公式

$$y = f \cdot \tan\theta$$

式中，y 为像的大小；f 为焦距；θ 为半画角，$\theta = 2\arctan\dfrac{y}{2f}$。

例：1/2 型 CCD 相机（查表 6-1 可知其像的大小（水平宽度）为 6.4mm）配 12.5mm 焦距的镜头时，画面横向的半画角是：

$$\theta = 2\arctan\frac{6.4}{2\times12.5} = 28.72$$

（3）镜头的景深

虽然物体和镜头之间的距离（WD，Work Disney）发生了变化，但当该变化在一定范围内时，其成像仍然保持清晰，这个可变的距离范围称为景深。相应地，对于确定的物平面，虽然成像面和镜头之间的距离不同，但在一定的范围内图像仍是清晰的，这个可变的距离范围称为焦深。

景深的计算公式：

$$景深 = F \cdot \varepsilon \cdot (1/\beta)$$

式中，F 为镜头的拍摄光圈值；ε 为容许弥散圆参数（2/3 型 CCD 相机为 0.02mm，1/2 型 CCD 相机为 0.015mm，1/3 型 CCD 相机为 0.01mm）；β 为倍率。

7. 工业镜头的选择

工业镜头的成像质量千差万别，就算是同一类型的工业镜头也是如此，这主要是由于材质、加工精度和镜片结构的不同等因素造成的，同时也导致了工业镜头的价格从几百元到几万元的巨大差异。比较知名工业镜头有四片三组式天塞镜头、六片四组式双高斯镜头等。对于工业镜头的设计及生产厂家，一般用光学传递函数（OTF，Optical Transfer Function）来综合评价镜头的成像质量。OTF 一般由调制传递函数（MTF，Modulation Transfer Function）与位相传递函数（PTF，Phase Transfer Function）两部分组成。

8. 常见的像差

（1）球差

由主轴上某一物点向光学系统发出的单色圆锥形光束，经该光学系统折射后，若原光束不同孔径角的各光线不能交于主轴上的同一位置，从而在主轴上的理想像平面处形成一弥散光斑（俗称模糊圈），则此光学系统的成像误差称为球差。

（2）彗差

由位于主轴外的某一轴外物点向光学系统发出的单色圆锥形光束，经该光学系统折射后，若在理想像平面处不能结成清晰点，而是形成拖着明亮尾巴的彗星形光斑，则此光学系统的成像误差称为彗差。

（3）像散

由位于主轴外的某一轴外物点向光学系统发出的斜射单色圆锥形光束，经该光学系统折射后，不能结成一个清晰的像点，而是形成一弥散光斑，则此光学系统的成像误差称为像散。

（4）场曲

垂直于主轴的平面物体经光学系统所结成的清晰影像，若不在一垂直于主轴的像平面内，而是在一关于主轴对称的弯曲表面上，即最佳像面为一曲面，则此光学系统的成像误差称为场曲。当调焦至像面中央处的影像清晰时，像面四周的影像模糊；而当调焦至像面四周处的影像清晰时，像面中央处的影像又开始模糊。

（5）色差

由白色物体向光学系统发出一束白光，经光学系统折射后，各色光不能会聚于一点，而是形成一彩色像斑，称为色差。色差产生的原因是同一光学玻璃对不同波长光线的折射率不同，短波光折射率大，长波光折射率小。

（6）畸变

被摄物平面内的主轴外直线，经光学系统成像后变为曲线，则此光学系统的成像误差称为畸变。畸变像差只影响影像的几何形状，而不影响影像的清晰度。这是畸变与球差、彗差、像散、场曲之间的根本区别。

9. 工业镜头的指标参数

（1）视场（FOV，Field of View，视野范围）

视场是指工业镜头能够观测到最大范围，通常以角度表示，视场越大，观测范围越大。视场是镜头选型时必须要重视的参数。

（2）工作距离

工作距离是指从工业镜头前部到被检测物之间的距离，即清晰成像的表面距离。工业镜头选型时必须进行相应检查，检查内容通常包括工作距离是否可调、是否有安装空间等。

（3）分辨率（Resolution）

分辨率是指图像系统可以检测到的被检测物的最小可分辨特征尺寸，又称鉴别率、解像力。制约工业镜头分辨率的原因是光的衍射现象，即衍射光斑（爱里斑）。在多数情况下，视场越小，分辨率越好。分辨率的单位是"线对/毫米"（lp/mm）。

（4）景深（DOF，Depth Of Field）

在景物空间中，位于调焦物平面前后一定距离内的景物，仍能够结成相对清晰的影像。一般将位于调焦物平面前后的能结成相对清晰影像的景物间的纵深距离，也就是能在实际像平面上获得相对清晰影像时景物空间的深度范围，称为景深。

景深反映了物体离最佳焦点较近或较远时，工业镜头保持所需分辨率的能力。选择景深参数时，需要注意实际检测对该参数是否有特殊要求。

（5）焦距（FD/FL，Focal Distance/Length）

焦距（f）是光学系统中衡量光的聚集或发散的度量方式，是指从透镜的光心到焦点间的距离。对于照相机而言，焦距是指从镜片中心到底片或 CCD 等成像平面的距离。焦距的计算公式如下。

$$f = \frac{\text{工作距离}}{\text{视场长边（或短边）}} \times CCD\text{长边（或短边）}$$

焦距越小，景深越大，畸变越大，渐晕现象越严重，像差边缘的照度越低。

（6）失真（Distortion）

失真又称畸变，指被摄物平面内的主轴外直线经光学系统成像后变为曲线，从而使得此光学系统的成像出现误差。畸变像差只影响影像的几何形状，不影响影像的清晰度。失真是衡量工业镜头性能的重要指标之一。

（7）光圈

光圈是一个用来控制工业镜头通光量的装置，它通常安装在工业镜头内。光圈的大小通常用 f/数值来表示，如 f/2、f/2.8、f/4.0、f/5.6。

（8）明锐度（Acutance）

明锐度又称对比度，是指图像中最亮和最暗部分的对比度。

（9）最大相对孔径与光圈系数

相对孔径是指工业镜头的入射光孔直径（用 D 表示）与焦距（用 f 表示）之比，即相对孔径 = D/f。相对孔径的倒数称为光圈系数（Aperture Scale），又称为 f 制光圈系数或光孔号码。一般，工业镜头的相对孔径是可以调节的，其最大相对孔径或光圈系数往往标示在工业镜头上，如 1：1.2 或 f/1.2。如果拍摄现场的光线较暗或曝光时间很短，则需要尽量选择相对孔径较大的工业镜头。

10. 工业镜头各参数间的关系

一个性能优异的工业镜头其分辨率、明锐度、景深等参数也高，对各种像差的校正也较好，但同时其价格也会很高。如果掌握一些规律和经验，就可以挑选到同档次中性能最好的工业镜头。下面列举了工业镜头各参数间的关系。

（1）焦距大小的影响情况

焦距越小，景深越大；

焦距越小，畸变越大；

焦距越小，渐晕现象越严重，像差边缘的照度越低。

（2）光圈大小的影响情况

光圈越大，图像亮度越高；

光圈越大，景深越小；

光圈越大，分辨率越高。

（3）视场中央与边缘的区别

一般，视场中心较边缘分辨率高，视场中心较边缘光场照度高。

11. 光波长度的影响

在相同的摄像机及工业镜头参数的条件下，照明光源的光波波长越短，所得图像的分辨率越高。所以，在需要精密尺寸及位置测量的视觉系统中，尽量采用短波长的单色光作为照明光源，这对提高系统精度有很大的作用。

三、工业相机

工业相机俗称摄像机，相比于传统的民用相机（摄像机）而言，它具有较高的图像稳定性、高传输能力和高抗干扰能力等。它还被称作工业摄像头、工业摄像机、工业照相机等。

目前，市面上的工业相机大多是基于电荷耦合器件（CCD）或互补金属氧化物半导体（CMOS，Complementary Metal Oxide Semiconductor）的相机。CCD 是目前机器视觉系统最为常用的图像传感器，它集光电转换及电荷存贮、电荷转移、信号读取于一体，是典型的固体成像器件。CCD 的突出特点是以电荷作为信号，不同于以电流或者电压为信号的器件。这类成像器件通过光电转换形成电荷包，然后在驱动脉冲的作用下转移、放大输出图像信号。典型的 CCD 相机由光学镜头、时序及同步信号发生器、垂直驱动器、模拟/数字信号处理电路组成。CCD 作为一种功能器件，与真空管相比，具有无灼伤、无滞后、低电压工作、低功耗等优点。CMOS 图像传感器的开发最早出现在 20 世纪 70 年代初，随后，随着超大规模集成电路（VLSI）制造工艺技术的发展，CMOS 图像传感器得到迅速发展。CMOS 图像传感器将光敏元阵列、图像信号放大器、信号读取电路、模数转换电路、图像信号处理器及控制器集成在一块芯片上，具有局部像素编程的随机访问的优点。目前，CMOS 图像传感器以其良好的集成性、低功耗、高速传输和宽动态范围等特点在高分辨率和高速场合得到了广泛应用。

（一）工业相机的分类

工业相机的分类如下：

① 按照芯片类型可以分为 CCD 相机、CMOS 相机；

② 按照传感器的结构特性可以分为线阵相机、面阵相机；

③ 按照扫描方式可以分为隔行扫描相机、逐行扫描相机；

④ 按照分辨率大小可以分为普通分辨率相机、高分辨率相机；

⑤ 按照输出信号方式可以分为模拟相机、数字相机；

⑥ 按照输出色彩可以分为单色（黑白）相机、彩色相机；

⑦ 按照输出信号速度可分为普通速度相机、高速相机；

⑧ 按照响应频率范围可分为可见光（普通）相机、红外相机、紫外相机等。

（二）工业相机与普通相机的区别

工业相机与普通相机的区别如下：

① 工业相机的性能稳定可靠易于安装，结构紧凑不易损坏，连续工作时间长，可在较恶劣的环境下使用。例如，工业相机可连续工作 24 小时或几天。

② 工业相机的快门时间非常短，可以抓拍高速运动的物体。例如，把名片贴在电风扇的扇叶上，当扇叶以最大速度旋转时，设置合适的快门时间，用工业相机抓拍一张图像，仍能够清晰地辨别名片上的字体。用普通的相机抓拍是不可能达到同样效果的。

③ 工业相机的图像传感器是逐行扫描的，而普通相机的图像传感器是隔行扫描的，逐行扫描的图像传感器生产工艺比较复杂，成品率低，出货量少，世界上只有少数公司能够提供这类产品，例如 Dalsa、Sony，而且价格昂贵。

④ 工业相机的帧率远远高于普通相机。工业相机每秒可以拍摄 10 幅到几百幅图像，而普通相机只能拍摄 2 到 3 幅图像，相差较大。

⑤ 工业相机输出的是裸数据（Raw Data），其光谱范围往往比较宽，适合用于高质量的图像处理。例如，机器视觉（Machine Vision）的应用。而普通相机拍摄的图像，其光谱范围只适合人眼视觉，并且经过了 MJPEG（Motion Joint Photographic Experts Group）压缩，

图像质量较差，不利于分析处理。

⑥ 工业相机相对普通相机来说价格较昂贵。

（三）工业相机的选择

1. 面阵相机的选择

（1）面阵相机的快门

① 电子快门。通过电路直接操作 CCD/CMOS，控制快门曝光被称为电子快门。其利用了 CCD/CMOS 通电工作的原理，即在 CCD 不通电的情况下，尽管窗口"大敞开"，但是并不能产生图像。如果在按下快门按钮时，使用电子电路，便可使 CCD/CMOS 只通电"一个指定时间的长短"，就能获得像有快门"瞬间打开"一样的效果。

② 机械快门。通过弹簧或电磁装置控制几片叶片的开、关，让其像舞台拉幕一样，以一定宽度的缝隙左、右或上、下"划过"成像像场的窗口，让窗口获得指定时间长短的"见光机会"，这就是机械快门的概念。

一般而言，机械快门的优点是不用通电即可工作，缺点是在高速和低速挡时动作不准确。

（2）面阵相机的芯片尺寸

面阵相机的芯片尺寸见表 6-2。

表 6-2　面阵相机的芯片尺寸

CCD/CMOS 尺寸	图像尺寸/mm		
	水平 H	垂直 V	对角 D
1"	12.8	9.6	16.0
2/3"	8.8	6.6	11.0
1/2"	6.4	4.8	8.0
1/3"	4.8	3.6	6.0
1/4"	3.6	2.7	4.5

（3）面阵相机的像元深度

像元深度定义了灰度由暗到亮的灰阶数，对于 8bit 相机，0 代表全暗，255 代表全亮，介于 0 和 255 之间的数字代表一定的亮度指标。10bit 相机有 1024 个灰阶，12bit 相机有 4096 个灰阶。相机的像元深度从 8bit 上升到 10bit 或者 12bit，的确可以增强测量的精度，但同时降低了系统的速度。

2. 线阵相机的选择

（1）线阵相机的特点

① 线阵相机使用的是线扫描传感器，通常只有一行的感光单元，每次只采集一行图像。少数彩色线阵相机使用三行感光单元的传感器。

② 线阵相机每次只输出一行图像，而面阵扫描每次采集若干行图像，并以帧的方式输出。

③ 线阵相机通常用行频为单位（kHz），如 12kHz 表示相机在 1s 内最多能采集 12000 行图像数据。

（2）线阵相机的核心指标

① 分辨率：幅宽除以最小检测精度得出每行需要的像素。

② 检测精度：幅宽除以像素得出实际检测精度。

③ 行频：每秒运动速度除以检测精度得出每秒扫描行数。

（3）线阵相机选型举例

检测时，要求幅宽为 1600mm，精度为 1mm，同时被检测物的运动速度为 22000mm/s。经计算可知分辨率为 1600/1 = 1600。相机的像素可适当放宽，但最少为 2000 像素。

所以，相关指标具体如下：分辨率为 2000；检测精度为 1600/2000 = 0.8；行频为 22000/0.8 = 27.5kHz。

综上，应选定像素为 2048、行频为 28kHz 的线阵相机。

（4）CCD 相机和 CMOS 相机

CCD 相机主要应用于摄取运动物体的图像，如贴片机机器视觉。当然随着 CMOS 技术的发展，许多贴片机也在选用 CMOS 相机。在视觉自动检测方面一般选用 CCD 相机较多。CMOS 相机因其成本低、功耗低而越来越广泛地被应用。

CCD 相机也称为 CCD 图像传感器，其工作原理是：将光信号转换成电信号，再将电信号转换成数字信号，最后经处理后成为图像信号。其结构主要包括：

① 由大量光敏元件排列在一起组成的感光元件（每个光敏元件为一个像素点）。

② 并行信号寄存器，用于暂时存储感光后产生的电荷。

③ 串行信号寄存器，用于暂时存储并行寄存器的模拟信号并将电荷转移放大。

④ 信号放大器，用于放大微弱电信号。

⑤ 数模转换器，用于将放大的电信号转换成数字信号。

COMS 相机的主要特点有：

① CMOS 相机的信号读出过程与 CCD 相机信号的读取过程不同，CCD 相机是通过一个或几个节点统一读取像素，CMOS 相机是通过单个像素同时读取。

② CMOS 相机的集成性相对于 CCD 相机较简单。

③ CMOS 相机的读取速度相对于 CCD 相机更快。

④ 相对于 CCD 相机，CMOS 相机是后起之秀，其相关技术还不成熟，噪声偏大，成像质量还有待提高。

3. 分辨率的选择

首先考虑待观察或待测量物体的精度，根据精度选择工业相机的分辨率。

工业相机理论精度 = 单方向视场范围大小 / 相机单方向分辨率

则

工业相机单方向分辨率 = 单方向视场范围大小 / 相机理论精度

若单视场长度为 5mm，理论精度为 0.02mm，则单方向分辨率 = 5/0.02 = 250。然而为了增加系统的稳定性，不会只用一个像素单位对应一个测量/观察精度值，一般可以选择倍数 4 或更高。这样该相机需求的单方向分辨率为 1000，则选用 130 万像素已经足够。

其次看工业相机的输出，若是用于体式观察或是机器软件的分析识别，分辨率高是有帮助的；若是通过 VGA 或 USB 输出在显示器上以进行观察，则还依赖于显示器的分辨率，工业相机的分辨率再高，显示器的分辨率不够也是没有意义的；若是用在存储卡上或是实现其拍照功能，工业相机的分辨率高也是有帮助的。

4. 与工业镜头匹配的物理接口

传感器芯片尺寸需要小于或等于工业镜头尺寸，对 C 和 CS 型接口安装座也要进行匹配（或者增加转接口）。

5. 工业相机通信接口的选择

工业相机的通信接口有 Gige（千兆网）、USB、Camera Link 和 IEEE1394。下面将分别对其特点进行介绍。

（1）Gige（千兆网）的特点

① Gige（千兆网）的协议相比较而言更加稳定。

② 具有 Gige（千兆网）接口的工业相机使用方便，只要安装千兆网卡就能正常工作，因此，近几年市场上该类工业相机应用较为广泛。

③ 可多台同时使用，CPU 占用率小。

④ 传输距离较远。

⑤ Gige（千兆网）网卡的巨帧属性类似于 IEEE1394 中的 Packet Size，且前者的效果更佳。

（2）USB2.0 的特点

① USB2.0 接口是最早应用的数字接口之一，其开发周期短、成本低廉，是目前最为普通的类型。

② 所有计算机都配置有 USB2.0 接口，连接方便，不需要采集卡。

③ 传输速率低，采用 BOT（Bulk OnlyTransport）协议与编码方式时数据传输速率只有240bps 左右。

④ 在传输过程中因 CPU 参与管理，故其占用及消耗的资源较多。

⑤ USB2.0 接口不稳定，相机通常没有紧固螺丝，因此在经常运动的设备上，会出现接触不良的故障。

⑥ 传输距离近，信号容易衰减。

（3）USB3.0 的特点

① USB 3.0 在 USB 2.0 的基础上新增了两组数据总线，为了保证向下的兼容，USB 3.0保留了 USB 2.0 的一组传输总线。但其传输距离近的问题，依然没有得到解决。

② 在传输协议方面，USB3.0 除了支持传统的 BOT 协议，还支持 USAP（USB Attached SCSI Protocol），其速率可达 5Gbps；缺点是 USB3.0 协议的稳定性还需提高。

③ 目前，市场上还没有大规模地使用 USB3.0 接口工业相机。

（4）Camera Link 的特点

① Camera Link 是目前工业相机中传输速率最快的一种总线类型。一般用在高分辨率、高速面阵相机或者线阵相机上。

② Camera Link 接口的相机，其传输距离近，在实际中应用较少。

③ 需要单独的 Camera Link 接口，不便携，增加了成本。

（5）IEEE1394 的特点

① IEEE1394（俗称火线）接口在工业领域中应用广泛。其协议、编码方式较好，传输速率比较稳定。由于早期相关技术的垄断，IEEE1394 接口没有被广泛应用，因此计算机上通常没有这种接口，需要加装额外的采集卡。

② 在工业中，常用的 IEEE1394 接口有传输速率为 400Mbps 的 1394A 接口和传输速率为 800Mbps 的 1394B 接口，传输速率超过 800Mbps 以上的（如 3.2Gbps）比较少见。

③ IEEE1394 接口有较为紧固的螺丝。

④ IEEE1394 接口需要设置 Packet Size 数据包的大小，Packet Size 是整个 1394 总线的带宽。

⑤ IEEE1394 接口占用的 CPU 资源少，可多台同时使用，但由于接口的普及率不高，已慢慢被市场淘汰。

6. 工业相机帧数的选择

当被测物有运动要求时，应选择帧数高的工业相机。但一般来说，分辨率越高，帧数越低。

例如，知道被测物的长、宽、高及测量精度，如何选择工业镜头和工业相机呢？

① 镜头的选择依据。根据物体尺寸确定工业相机芯片尺寸；确定工业镜头的物理接口，如 C 型接口或者 CS 型接口；确定工业镜头的工作距离及视场角、工业镜头的光谱特性及畸变、工业镜头的机械结构等。

② 工业相机的选择依据。感光芯片的类型，CCD 型还是 CMOS 型；视频的特点，点频还是行频；信号输出的接口；工业相机的工作模式，连续、触发、控制、异步复位、长时间积分等；视频参数调整及控制方法，Manual、RS232 等。

四、图像采集/处理卡

1. 图像采集

图像采集就是将图像或视频（模拟信号）转换成计算机能够识别的数字信号。

2. 相关概念

① 帧图像大小（Image Size）= 长×宽（Width×Height）。

② 颜色深度（Depth）一般是 8、16、24、32bit。

③ 帧率（Fps，帧/秒），标准 PAL 制是 25 帧/秒，标准 NTSC 制是 30 帧/秒。

④ 数据量（Q，单位 MB），图像信号每秒钟的数据量 $Q = W×H×f×D/8$。例如，PAL 制单路视频最大数据量 $Q = 768×576×25×32/8MB$。

⑤ 单路采集时的传输率，8 位方式是 15Mbps，16 位方式是 30Mbps，24 位方式是 45Mbps，32 位方式是 60Mbps；

⑥ 多路采集时的传输率，如 QP300 在 24 位方式时的传输数据量为 45×4Mbps；

⑦ 拉道现象，图像出现拉道的原因主要是主板带宽不够。带宽与主机板的桥路及 DMA

（Direct Memory Access）通道的速度有关，与 CPU 的速度无关，一般 Intel 芯片好于 VIA 芯片。

3. PCI 总线

PCI 总线的特点如下：

① x86 结构的常见总线。
② 依据 32 位总线标准。
③ 理论极限带宽为 133Mbps。
④ 平均带宽为 90~100Mbps。
⑤ 多个 PCI 设备共享带宽。
⑥ 可以扩展为 64 位 PCI 总线。

4. PC-104/Plus 总线

PC-104/Plus 总线的特点如下：

① 紧凑型 PCI 总线。
② 依据 32 位总线标准。
③ 理论极限带宽为 133Mbps。
④ 平均带宽为 90~100Mbps。
⑤ 至多三个 PC-104/Plus 设备共享带宽。
⑥ 与 PC-104 总线（16 位）不能通用。

5. PCI-E 总线

PCI-E 总线的特点如下：

① 64 位总线。
② ×1 的理论极限带宽为 26Mbps。
③ 平均带宽为 220Mbps。
④ 每个 PCI-E 设备独占带宽。
⑤ ×1、×2、×4、×8、×16、×32 等扩展方式可以提高传输带宽。
⑥ ×2、×4、×8、×16、×32 等扩展方式向下兼容。

6. Mini PCI 总线

Mini PCI 总线的特点如下：

① 紧凑型 PCI 总线。
② 依据 32 位总线标准。
③ 理论极限带宽为 133Mbps。
④ 平均带宽为 90~100Mbps。
⑤ 多个 Mini PCI 设备共享带宽。

7. 工业相机与图像采集卡搭配原则

（1）视频信号的匹配
对于黑白模拟信号相机来说有两种格式，即 CCIR 和 RS170（EIA），通常采集卡都支持这两种工业相机。

（2）分辨率的匹配

每款板卡都只支持某一分辨率范围内的工业相机。

（3）特殊功能的匹配

若要使用工业相机的特殊功能，应先确定所用板卡是否支持此功能。比如，需要多部工业相机同时拍照时，这个采集卡就必须支持多通道；如果工业相机是逐行扫描的，那么采集卡就必须支持逐行扫描。

（4）接口的匹配

确定工业相机与板卡的接口是否匹配，如 Camera Link、Firewire1394 等。

五、图像处理系统

图像处理系统是视觉传感的核心，机器视觉软件的图像处理模式是"软件平台+工具包"，详见单元一中的介绍。

六、工业机器人视觉软件 Halcon

Halcon 是德国 Mvtec 公司开发的一套有完善标准的机器视觉算法包，其拥有应用广泛的机器视觉集成开发环境。

Halcon 的官网下载地址为http://www.mvtec.com/products/halcon/。首先找到 Downloader，先注册后下载。下载完成后进行安装，安装成功后，双击图标即可打开软件界面。下面将对该软件做详细介绍。

如图 6-1 所示是 Halcon 软件界面。第一行是标题栏，显示窗口标题，显示所打开文件的地址；第二行是菜单栏；第三行是工具栏；再下面是一个大窗口，里面包含的四个小窗口（分别位于大窗口的左上角、右上角、左下角、右下角）可以关闭，如果再次打开，单击菜单栏中"窗口"菜单下的相应选项即可。

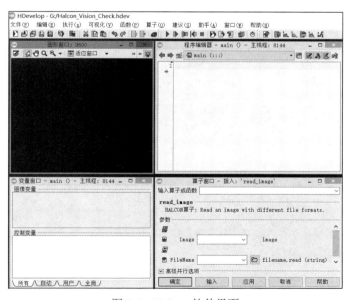

图 6-1　Halcon 软件界面

如图 6-2 所示为 6-1 中左上角的图形窗口。

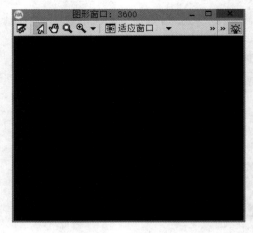

图 6-2　图形窗口

如图 6-3 所示为 6-1 中右上角的程序编辑器窗口。

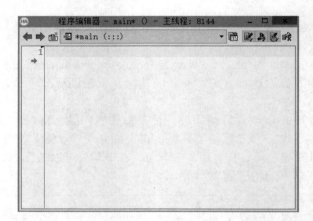

图 6-3　程序编辑器窗口

如图 6-4 所示为图 6-1 中左下角的变量窗口。

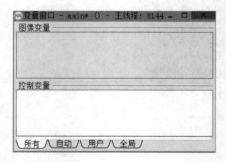

图 6-4　变量窗口

如图 6-5 所示为图 6-1 中右下角的算子窗口。

图 6-5　算子窗口

算子是什么呢？类似于 C 语言中的子函数。在程序编辑器窗口中调用算子就类似于在 C 语言的主函数中调用子函数。

在菜单栏中有"算子"菜单。算子的存在大大降低了学习视觉的难度。从视觉入门的角度讲，能够调用合适的算子，就可以完成一般性视觉检测工作了。

算子的作用是：

① 图像数据的输入。

② 图像数据的输出。

③ 控制要求的输入。

④ 控制目标的输出。

算子有如图 6-6 所示几种大类（大类下面又分多种类型）。

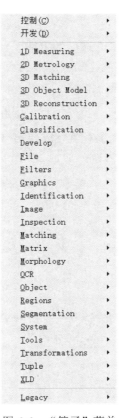

图 6-6　"算子"菜单

利用 Halcon 软件处理图像的步骤是:

① 获取图像。

② 图像预处理。

③ 图像处理。

④ 显示结果。

下面通过一个例子说明利用 Halcon 软件进行图像处理的过程。

如图 6-7 所示是一幅杂乱的回旋针图像,现在要求找出图中每个回旋针的中心和方向。

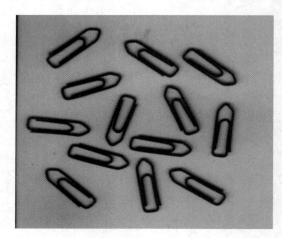

图 6-7　杂乱的回旋针

用我们学过的知识几乎不可能完成这样的事情。即使学习过计算机视觉或图像处理等知识,要找出图中回旋针的中心和方向也是很麻烦的。有什么较简单的方法完成这件事情吗?答案是肯定的,具体如下。耐心看完下面的例子。

第一步,读图。在程序编辑器窗口中输入 read_image(image,'clip'),如图 6-8 所示。

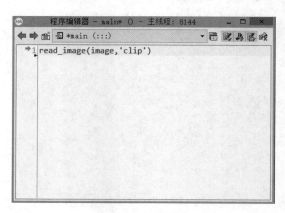

图 6-8　读图程序

读图程序中,括弧前的 read_image 是算子的名称,意思是"读取不同文件格式的图像"。括弧里面的"image,'clip'"是参数。其中,image 是输出参数,clip 是输入参数的文件名称(请注意名称的大小写)。文件的格式类型可以是.hobj,.ima,.tif,.tiff,.gif,.bmp,.jpg,

.jpeg，.jp2，.jxr，.png，.pcx，.ras，.xwd，.pbm，.pnm，.pgm，.ppm。

如果要详细了解算子的作用，可以将光标移到相应的"算子"子菜单上，单击鼠标右键，在快捷菜单中选择"帮助"命令，或者将鼠标移到相应的"算子"子菜单上按 F1 键（不同的 Halcon 版本，其相应操作有所区别）。打开的帮助窗口如图 6-9 所示。

图 6-9　帮助窗口

那么输入 Halcon 软件的图像来自哪里呢？如果 Halcon 软件是采用默认安装的，则图像保存位置为 C:\Users\Public\Documents\MVTec\HALCON-12.0\examples\images，如图 6-10 所示。

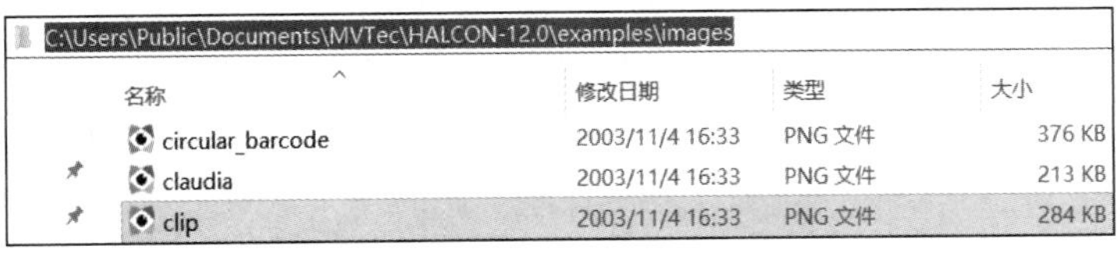

名称	修改日期	类型	大小
circular_barcode	2003/11/4 16:33	PNG 文件	376 KB
claudia	2003/11/4 16:33	PNG 文件	213 KB
clip	2003/11/4 16:33	PNG 文件	284 KB

C:\Users\Public\Documents\MVTec\HALCON-12.0\examples\images

图 6-10　图像保存位置

如果读者希望将存放在其他路径中的图像输入到 Halcon 软件，应怎么读取？例如，放在 G:\Halcon_image 文件夹中名称为 clip 的图像，如图 6-11 所示。

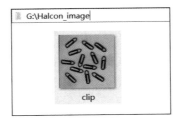

图 6-11　希望读取到的图像

在输入读图程序时，在 G:/Halcon_image 后面还要加上/clip，这样才能正确读取图像，如图 6-12 所示。

图 6-12　读取不同位置图像的程序示例

单击菜单栏"执行"菜单下的"运行"命令或者单击工具栏中"运行"图标，或者按 F5 键（不同的 Halcon 版本，相应的操作会有区别），就可以将 G:\Halcon_image 文件夹下的 clip 图像读取到 Halcon 软件中了。

第二步，对读取到 Halcon 软件中的图像进行处理，如图 6-13 所示。

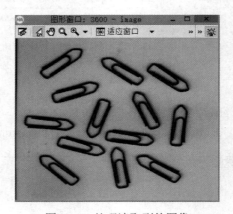

图 6-13　处理读取到的图像

对 clip 图像的处理要求是，找出每个回旋针的方向和中心。

计算图像的尺寸，即图像的宽度和高度。在程序编辑器窗口中输入 get_image_size（Clip，Width,Height），如图 6-14 所示。

图 6-14　获取图像尺寸

单击"运行"图标，其输出图像的尺寸可以在变量窗口中显示，如图 6-15 所示。

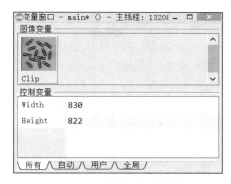

图 6-15　显示获取到的图像尺寸

在变量窗口中可以看到 Halcon 软件计算出图像的宽度为 830，高度为 822。

到这里或许有读者会提出如下疑问：

疑问一，Halcon 软件读取到的图像的宽度和高度分别指的是什么？是否准确？

疑问二，Halcon 软件为什么要计算出图像的宽度和高度？

疑问三，Halcon 软件是怎么得到图像的宽度和高度的？

在解答第一个疑问前，先了解"像素"的基本概念。像素的英文单词是 Pixel，这个词在 Halcon 软件的相关文档中会经常出现。像素是指由一个数字序列表示的图像中的一个最小单位。像素的大小是没有固定值的，不同设备上 1 个单位像素色块的大小是不一样的。像素包含位置（行、列值）和光强（黑白图像是灰度值，彩色图像是 RGB 值）参数。

相机感光元件上的每个光敏元件即为一个像素点，要想得到高清图像，必须保证有一定的像素数。但并非像素数越大，图像就越清晰。图像的清晰度由"点像"决定，即每点（寸等）有多少像素。通常相机的像素大小又被称为相机的分辨率。

在成像平面上 1mm 间距内能清晰分辨的黑白相间的线条对数叫分辨率，单位是"线对/毫米"（lp/mm）。

测试方法：将待测镜头安装在相机上，拍摄黑白条纹图（分辨率图版），然后用高倍放大镜（镜头分辨率检测仪）检测底片上每毫米范围内能清晰分辨的线条对数，能分辨的线条对数越多则分辨率越高。注意：镜头分辨率须和相机分辨率配合，才能拍摄出高质量的图像。

图像水平方向的像素值×图像垂直方向的像素值＝分辨率，其可分为屏幕分辨率和图像分辨率。

（1）屏幕分辨率。例如，14 英寸或 17 英寸屏幕的分辨率都可以是 1024×768，即水平方向上有 1024 个像素点，垂直方向上有 768 个像素点。因此，像素的大小是没有固定长度的，不同设备上一个单位像素色块的大小可以是不一样的。

（2）图像分辨率。例如，图像的分辨率是 830×822，意思是这张图像在屏幕上 1∶1 显示时，水平方向有 830 个像素点，垂直方向有 822 个像素点。

同一台设备上，图像的分辨率越高，该图像按照 1∶1 放大时，图像的面积就越大；图像的分辨率越低，该图像按照 1∶1 缩小时，图像的面积就越小。这可以理解为图像的像素和屏幕的像素是一一对应的。但是，当屏幕上的图像超过 100%时，图像上的像素色块会变大，这其实是设备通过一定的算法对图像进行了像素补足。当把图像放到最大后，看到一块一块的方格子，可以理解为一个图像像素，但是实际已经补充了很多个屏幕像素。同理，当图像小于 100%时，也是通过另外的算法来减少图像的像素的。

接下来回答第一个疑问。Halcon 软件计算得出的图像的宽度和高度指的是像素。Halcon 软件计算得出的图像的像素是否准确？首先找到原图，右击，在快捷菜单中选择"属性"命令，打开"cilp 属性"对话框，再单击"详细信息"标签，这样就可以看到图像的像素了，如图 6-16 所示。

图 6-16 查看图像属性

第二个疑问，Halcon 软件为什么要计算出图像的宽度和高度？理由很简单，为后面求出回旋针的中心和方向服务。

第三个疑问，Halcon 软件是怎么得到图像的宽度和高度的？这是 Halcon 算法的优点，使用者之所以能够轻松简单地使用机器人视觉，就是得益于像 Halcon 这样的算法。它把各种算法封装起来就是算子，读者只要会调用这些算子就可以了。

当然有些读者想知其然，还想知其所以然，建议读者去查看与图像处理相关的专业书籍，也可以学习另一种开源的视觉处理软件 OpenCV。

该程序的后续步骤如下：

（1）在程序编辑器窗口中输入 dev_open_window（0，0，Width/2，Height/2，'black'，WindowHandle），其功能是得到所打开"图形窗口"的大小。

（2）在程序编辑器窗口中输入 dev_display（clip），其功能是在新窗口中重新显示 clip.png 图像。

（3）在程序编辑器窗口中输入 binary_threshold（clip，Dark，'max_separability'，'dark'，UsedThreshold），其功能是使用二值法分割图像，简称为"阈值"。binary_threshold 算子可以自动确定全局阈值，并返回分段的区域，它能够分段一张单通道图像。单击"运行"图标，得到的图像如图 6-17 所示。

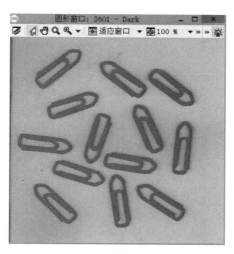

图 6-17　初步处理后得到的图像

（4）在程序编辑器窗口中输入 connection（Dark，Single），其功能是得到连通域。connection 算子的功能是输出连通区域。单击"运行"图标，得到的图像如图 6-18 所示。

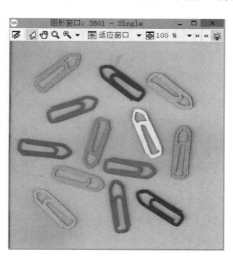

图 6-18　获得连通域后的图像

（5）在程序编辑器窗口中输入 select_shape（Single，Selected，'area'，'and'，5000，10000），其功能是得到由图像的形状选择的区域。

（6）在程序编辑器窗口中输入 orientation_region（Selected，position），其功能是区域定位。

（7）在程序编辑器窗口中输入 area_center　（Selected，Area，Row，Column）　，其功能是计算区域的面积，并找到中心。

（8）在程序编辑器窗口中输入 Length :=80，其功能是给后面的参数赋值。

（9）在程序编辑器窗口中输入 for i :=0 to |position| -1 by 1，其功能是循环显示所有回旋针的中心和方向。

（10）在程序编辑器窗口中输入 dev_set_color（'yellow'），其功能是显示输出箭头的颜色。

（11）在程序编辑器窗口中输入 disp_arrow（WindowHandle，Row[i]，Column[i]，Row[i] - Length *sin（position[i]），Column[i] + Length * cos（position[i]），4），其功能是显示回旋针的方向，如图 6-19 所示。

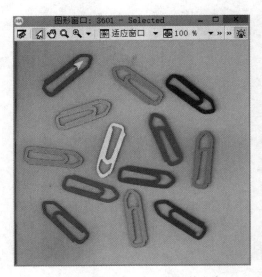

图 6-19　获得第一个回旋针的方向

（12）在程序编辑器窗口中输入 disp_message（WindowHandle，deg（position[i]）$'3.1f + ' deg', 'image'，Row[i]，Column[i] - 100, 'black'，'false'），其功能是显示回旋针方向的度数值，如图 6-20 所示。

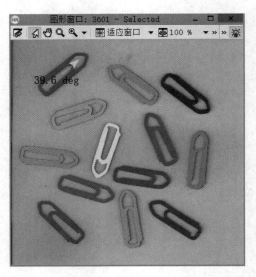

图 6-20　获得第一个回旋针方向的度数值

（13）在程序编辑器窗口中输入 endfor，其功能是结束循环，如图 6-21 所示。

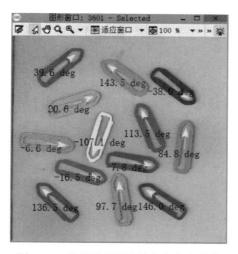

图 6-21 获得剩余回旋针的方向和度数

到这里，一个完整的 Halcon 软件应用的例子已经完成。

单元七

工业视觉中的图像处理

一、Halcon 基础

1. Halcon 在机器人视觉中的作用

Halcon 在机器人视觉中的作用如下：

① 定位。
② 尺寸测量。
③ 缺陷检测。
④ 条码读取。
⑤ 抓取和放置。
⑥ 三维重构。

2. Halcon 的常用语法

Halcon 的常用语法见表 7-1。

表 7-1　Halcon 的常用语法

序号	语法	说明	序号	语法	说明
1	:=	等号	2	#	不等号
3	If（a>1 and a<30）	与	4	If（a>1 or a<30）	或
5	If（not（a=10））	非	6	*	注释符
7	str:='HALCON'	字符串赋值	8	while （a== 1） endwhile	while 循环
9	for a := 0 to NumBalls - 1 by 1 endfor	for 循环	10	switch (Index) 　　case 1: 　　　　break 　　case 2: 　　　　break 　　case 3: 　　　　break 　　default: 　　　　break 　　endswitch	switch 多分支

序号	语法	说明	序号	语法	说明
11	try catch (Exception) Endtry	异常获取			

3. Halcon 算子的组成

前文中提到算子类似 C 语言中的子函数，子函数的作用就是处理一个问题，它有函数名、输入和输出参数。算子的语法格式如下：

算子（图像输入参数，图像输出参数，控制输入参数，控制输出参数）

算子的参数有四种类型，分别是图像输入、图像输出、控制输入及控制输出。每种参数类型又可以有多个参数，当然有些算子比较简单，可以省掉一种或几种参数类型。

例 1：read_image（:Image:FileName:）是一个读图像算子，它省略了图像输入参数和控制输出参数。

该算子的功能是：读取不同文件格式的图像。

Image：图像输出参数，即被读取图像。

FileName：控制输入参数，即要读取图像的名称。文件扩展名可以是：.hobj、.ima、.tif、.tiff、.gif、.bmp、.jpg、.jpeg、.jp2、.jxr、.png、.pcx、.Ras、.xwd、.pbm、.pnm、.pgm、.ppm。

例 2：pen_window（::Row，Column，Width，Height，FatherWindow，Mode，Machine:WindowHandle）是一个打开窗口算子，它省略了图像输入参数和图像输出参数。在控制输入参数和控制输出参数中，控制输入参数有 7 个。

二、读取图片

1. 读取默认路径中的图片

读取默认路径中的一张回旋针图片。操作过程：

第一，打开 Halcon 软件。

第二，新建一个 Halcon 工程。

第三，在程序编辑器窗口中输入算子 read_image，图像输出参数为 image，控制输入参数为图像的名称 clip，并用单引号引起图像名称，即 'clip'。

第四，单击"运行"图标或按 F5 键，就会出现图 7-1 所示的图片。

那么，该图像到底在哪里呢？它在软件安装的默认文件夹 images 中，对应路径是 C:\Users\Public\Documents\MVTec\HALCON-12.0\examples\images。

2. 快速读取特定路径中的图像

第一，打开 Halcon 软件。

第二，新建一个 Halcon 工程。

第三，在菜单栏中单击"文件"菜单，选择"读取图像"命令，或者按"Ctrl+R"组合键。

第四，单击"文件名称"文本框后面的图标，选择需要的图像，如图 7-2 所示。

第五，单击"确定"按钮。

第六，单击"运行"图标或按 F5 键就可以读取需要的图像了。

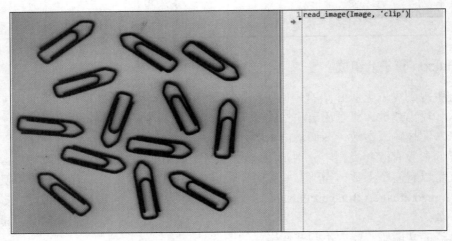

图 7-1 读取默认路径中的图片

图 7-2 快速读取图片

3. 利用"助手"读取特定路径中的图片

第一，打开 Halcon 软件。

第二，新建一个 Halcon 工程。

第三，在菜单栏中单击"助手"菜单，出现如图 7-3 所示的下拉子菜单。

第四，选择"打开新的 Image Acquisition"命令，出现如图 7-4 所示的窗口。

第五，先选中"图像文件"单选按钮，再单击"选择文件"，就可以选择所需要的文件了。本文选择的是 G 盘中的"不成功的 9 大因素.png"图片。

第六，先单击图 7-4 所示窗口中的"代码生成"标签，再单击"插入代码"。

第七，单击"运行"图标或按 F5 键就会出现如图 7-5 所示的代码。

到此，就实现了读取特定路径中图片的全部过程。

图 7-3　"助手"子菜单

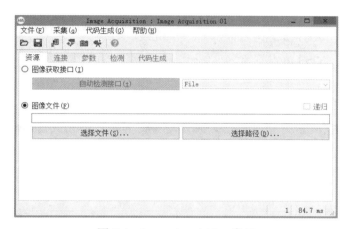

图 7-4　Image Acquisition 窗口

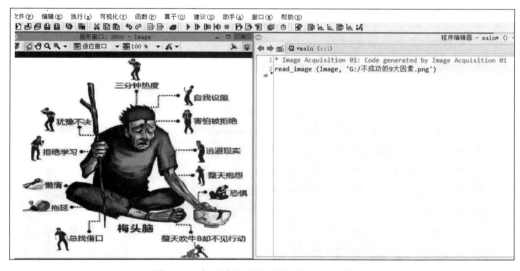

图 7-5　读取特定路径中的图片的操作结果

4. 直接读取多张图片

第一，打开 Halcon 的软件。

第二，新建一个 Halcon 工程。

第三，在菜单栏中单击"助手"菜单。

第四，选择"打开新的 Image Acquisition"命令。

第五，先选中"图像文件"单选按钮，再单击"选择文件"，这样就可以选择一张图片了。同时，可按住 Ctrl 键继续选择其他图片。

第六，先单击图 7-6 所示窗口中的"代码生成"标签，再单击"插入代码"。

第七，单击"运行"图标或按 F5 键就会显示如图 7-7 所示的图片和代码。

到此，就实现了读取特定路径中多张图片的全部过程。

和读取一张图片相比，这里多了一个数组 ImageFiles :=[ ]，数组里存放了 5 张图片，分别为：

ImageFiles[0] := 'G:/1.jpg';

ImageFiles[1] := 'G:/2.jpg';

ImageFiles[2] := 'G:/3.jpg';

ImageFiles[3] := 'G:/4.jpg';

ImageFiles[4] := 'G:/5.jpg'。

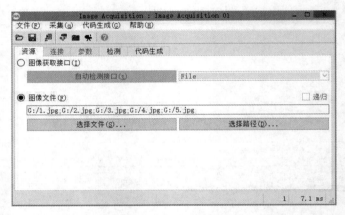

图 7-6　直接读取多张图片

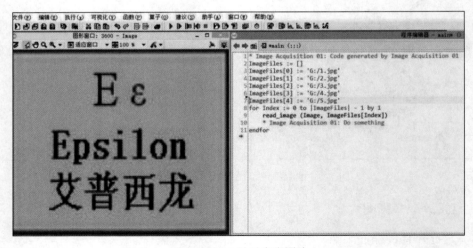

图 7-7　逐一显示多张图片

此处可以用一个 for 循环来读取数组里的每张图片。

5. 读取文件夹中的所有图片

第一，打开 Halcon 的软件。

第二，新建一个 Halcon 工程。

第三，在菜单栏，单击"助手"菜单。

第四，选择"打开新的 Image Acquisition"命令。

第五，先选中"图像文件"单选按钮，再单击"选择路径"，这样就可以选择"文件夹"了。如图 7-8 所示，选择的是 G 盘根目录下的 Picture 文件夹。

第六，先单击图 7-6 所示窗口中的"代码生成"标签，再单击"插入代码"。

第七，单击"运行"图标或按 F5 键，就会显示 7-9 所示的图片和代码。

图 7-8　选择文件夹

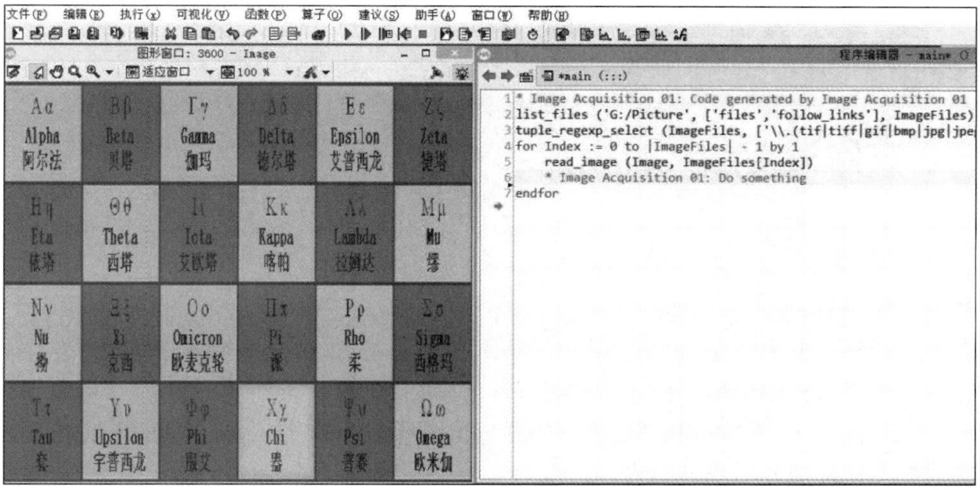

图 7-9　读取文件夹中的多张图片

与上文中用数组读取多张图片不同的是，这里是使用 for 循环和指针来读取文件夹中的图片的。

6. 读取文件夹中的部分图片

在 G 盘根目录下，Picture 文件夹中有 6 张图片，计划读取名称为 1、2、3 的三张图片，具体操作如下。

第一，打开 Halcon 的软件。

第二，新建一个 Halcon 工程。

第三，在程序编辑器窗口中输入如下代码。

```
for Index := 1 to 3 by 1
    read_image (Image, 'G:/Picture/'+Index)
Endfor
```

第四，单击"运行"图标或按 F5 键，读取的部分图片和相应代码如图 7-10 所示。

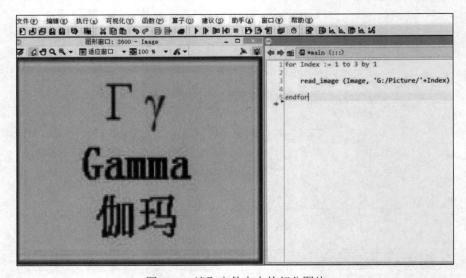

图 7-10　读取文件夹中的部分图片

三、车牌识别

1. 利用 Halcon 助手识别车牌

第一，打开 Halcon 的软件。

第二，新建一个 Halcon 工程。

第三，在菜单栏中单击"助手"菜单。

第四，选择"打开新的 OCR"命令，如图 7-11 所示。OCR 是 Optical Character Recognition 的缩写，中文意思是光学识别符号。

图 7-11　选择"助手"下打开新的"OCR"命令

第五，系统弹出图 7-12 所示窗口，单击目录"1. 加载一个示例图像"后面的图标。打开一张汽车牌照的图片。

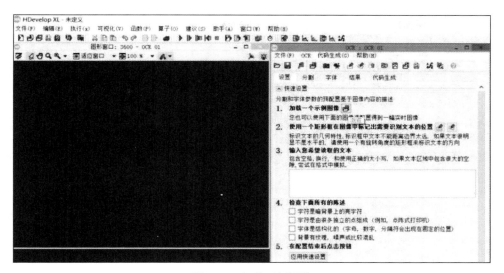

图 7-12　加载示例图像

第六，单击目录"2. 使用一个矩形框在图像中标记出需要识别文本的位置"后面的图标，按住左键，用方框框住汽车牌照图片。画好方框后，单击右键结束，结果如图 7-13 所示。

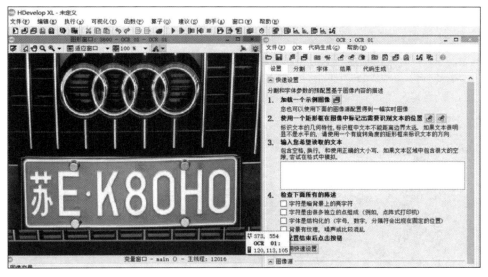

图 7-13　标识车牌

第七，在目录"3. 输入您希望读取的文本"下面的文本框中输入"EK80H0"。

第八，勾选目录"4. 检查下面所有的陈述"下面"字符是暗背景上的亮字符"前的复选框。

第九，单击"5. 在配置结束后点击按钮"下面的"应用快速设置"，这时图片的显示如图 7-14 所示，该图片最下面一行的黄色字母和数字就是识别出来的车牌。

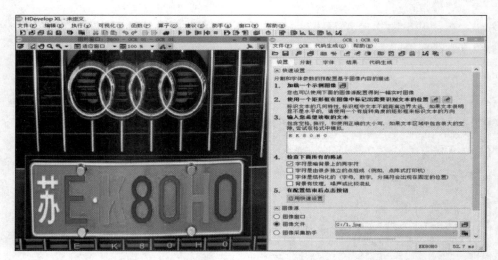

图 7-14　助手 OCR 识别车牌上的数字和字母

通过 Halcon 中的助手 OCR 识别车牌中的数字和字母应该比较容易，但是通过调用算子来识别车牌中的数字和字母就稍微有些难了。下面将介绍通过调用算子识别车牌的示例。

2. 调用算子法识别车牌

第一，打开 Halcon 软件。

第二，新建一个 Halcon 工程。

第三，在菜单栏中单击"助手"菜单，选择"打开新的 Image Acquisition"命令。

第四，先选中"图像文件"单选按钮，再单击"选择文件"，这样就可以选择所需要的文件了。这里选择的是 G 盘中的"Ferrari.jpg"图片。

第五，先选中"代码生成"标签，再单击"插入代码"，结果如图 7-15 所示。

图 7-15　读取一张图片

第六，将彩色图像转变成灰度图像。

输入算子 rgb1_to_gray (Image, GrayImage)。

算子一般有四种类型的参数，此处算子 rgb1_to_gray（Image，GrayImage）只有两个参数，分别为图像输入参数 Image 和图像输出参数 GrayImage。

算子功能描述：rgb1_to_gray 将 RGB 图像转换为灰度图像。RGB 图像的三个通道作为输入图像的前三个通道并用于传递。图像根据以下公式进行转换：

$$灰色 = 0.299 * 红色（R）+ 0.587 * 绿色（G）+ 0.114 * 蓝色（B）$$

特例：如果 Image 中的输入图像是单通道图像，该算子就会将 Image 图像复制到 GrayImage 灰度图像中。

第七，单击"运行"图标或按 F5 键，图像转变的结果如图 7-16 所示。

图 7-16　彩色图像转灰度图像

第八，图像灰度取反。

输入算子 invert_image （GrayImage, ImageInvert）。

算子 invert_image（GrayImage，ImageInvert）只有两个参数，分别为图像输入参数 GrayImage 和图像输出参数 ImageInvert。

算子功能描述：将图像的灰度值取反。

对于"字节"和"循环"类型的图像，计算结果如下：

$$g' = 255 - g$$

"方向"类型的图像通过以下方式转换：

$$g' = (g + 90) | 180$$

在有符号类型的情况下，值被取反，生成的图像与输入图像具有相同的像素类型。

第九，单击"运行"图标或按 F5 键，结果如图 7-17 所示。

第十，阈值。

输入算子 threshold（GrayImage，Region，128，255）。

图 7-17　灰度值取反

算子 threshold（GrayImage，Region，128，255）有四个参数，它们分别为图像输入参数 GrayImage，图像输出参数 Region（图像被分割后的区域），阈值 MinGray（门槛最小值），阈值 MaxGray（门槛最大值）。

算子功能描述：依据阈值范围从输入图像中选取灰度值为 g 的像素点，g 满足以下条件，MinGray≤g≤MaxGray

注意，图像中满足条件的所有点应作为一个区域。若传递多个灰度值间隔（MinGray 和 MaxGray 的数组），则每个间隔返回一个单独的区域。

设置阈值的具体操作如下。

（1）单击工具栏中的"打开灰度直方图"图标，打开如图 7-18 所示的灰度直方图。

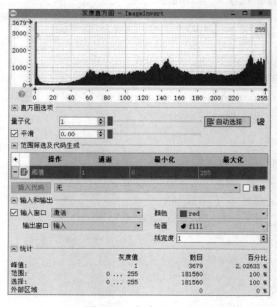

图 7-18　灰度直方图

（2）单击删除中间部分"阈值"前面的 图标，结果如图 7-19 所示。

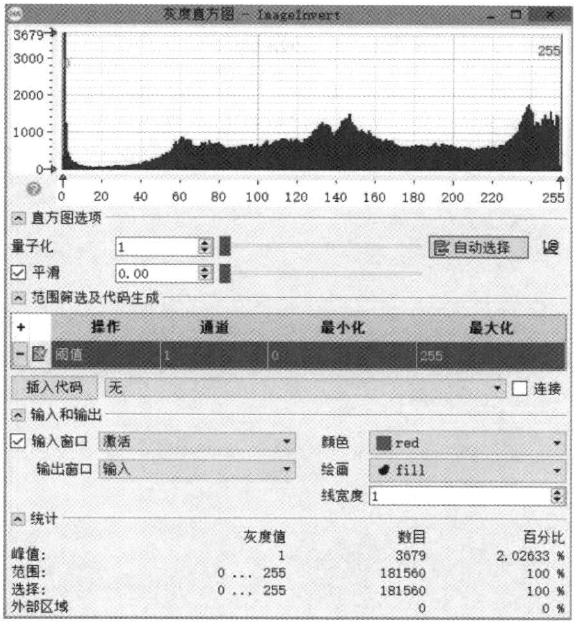

图 7-19　阈值准备

（3）根据需要设定的阈值范围，拖动上方的线和竖线到合适的位置，使得确定阈值后的图像便于进一步处理，如图 7-20 所示。

图 7-20　设置阈值后的图像

（4）单击"阈值"下面的"插入代码"，如图 7-21 所示。

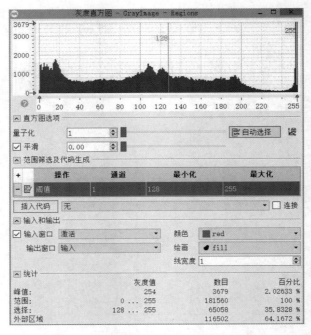

图 7-21　插入代码

（5）单击图 7-21 所示窗口右上角的"×"图标，结束阈值的设置。

第十一，单击"运行"图标或按 F5 键，图片设置阈值后的运行效果如图 7-22 所示。

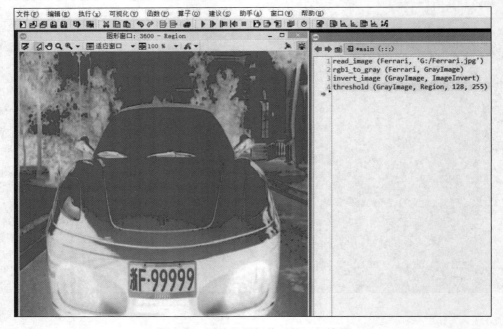

图 7-22　图片设置阈值后的运行效果

第十二，连通区域。

输入算子 connection (Region, ConnectedRegions1)。

算子 connection (Region, ConnectedRegions1) 有两个参数，分别为图像输入参数 Region（输入区域），图像输出区域数组 ConnectedRegions1（连接组件）。

算子的功能描述：当连通域算子确定后，输出、输入区域中连通区域的个数。

第十三，单击"运行"图标或按 F5 键，连通区域算子运行结果如图 7-23 所示。

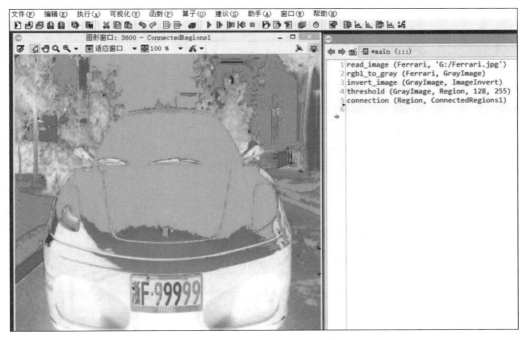

图 7-23　连通区域算子运行结果

第十四，利用形状特征选择区域。

输入算子 select_shape（ConnectedRegions1，SelectedRegions，['area', 'column', 'height']，'and'，[46.9，217.59，20.08]，[140.71，328.7，36.96]）

该算子中，ConnectedRegions1 为输入区域参数；SelectedRegions 为输出区域参数（满足条件的区域，也就是被分割的区域）；['area', 'column', 'height'] 为控制输入参数，可通过形状特征的面积、列和高度来选择形状；[46.9，217.59，20.08] 分别对应 ['area'，'column', 'height'] 的最小值；[140.71，328.7，36.96] 分别对应 ['area', 'column', 'height'] 的最大值。

算子 select_shape 的功能描述：根据形状选择区域，即对于整个输入区域，根据特征选择出一个小的区域，若每个小区域的特性都在默认限制值（Min，Max）之内，则该区域将被输出。

选择区域的具体操作如下。

（1）单击工具栏中的"打开特征直方图"图标 📊，这个图标和"打开灰度直方图" 📈 图标有点类似，请注意区分。打开的特征直方图如图 7-24 所示。

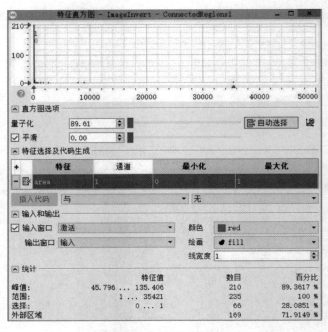

图 7-24　特征直方图

（2）单击中间部分"area"前面的 图标，如图 7-25 所示。

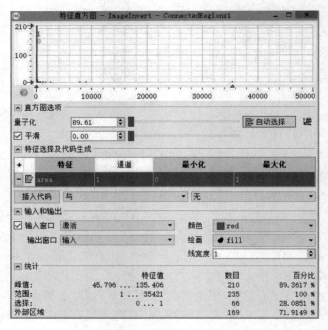

图 7-25　特征提取准备

（3）拖动上方的竖线到合适的位置，取得"area"合适的最小值和最大值，或者手动输入最小值和最大值，如图 7-26 所示。

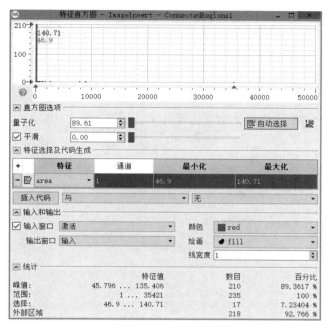

图 7-26　"area"特征值的确定

（4）单击"area"上方的"+"图标，并选择"column"，如图 7-27 所示。

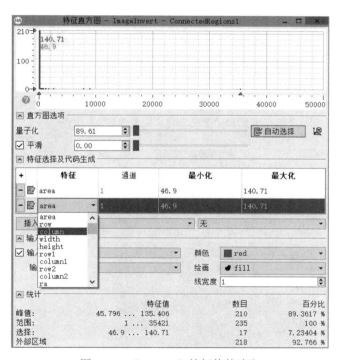

图 2-27　"column"特征值的选取

（5）拖动上方的竖线到合适的位置，取得"column"合适的最小值和最大值，或者手动输入最小值和最大值，如图 2-28 所示。

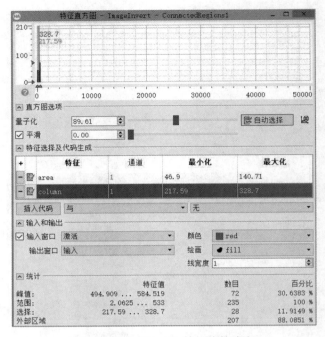

图 7-28 "column"特征值的确定

（6）用同样的方法，确定"height"的最小值和最大值，或者手动输入最小值和最大值。

至此，或许有读者会提出疑问，知道了要选取的参数，那么参数的大小是怎么确定的呢？这确实是个好问题。具体如何确定参数，或者如何不看本文中的例子就能够对图像进行处理？问题解答及相应内容将在单元八中给予介绍。

第十五，单击"运行"图标或按 F5 键，特征区域选择结果如图 7-29 所示。

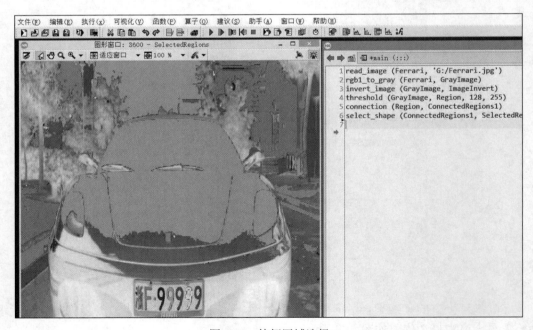

图 7-29 特征区域选择

第十六，区域排序。

输入算子 sort_region（SelectedRegions，SortedRegions，'upper_left'，'true'，'column'）。

算子 sort_region(Regions，SortedRegious，SorteMode，Order，RewOrcol)在用于区域排序时表现形式为 sort_region（SelectedRegions，SortedRegions，'upper_left'，'true'，'column'）。该算子有五个参数，分别为图像输入参数 SelectedRegions（准备排序的区域）、图像输出参数 SortedRegions（排序过的区域）、控制输入参数 'upper_left'、控制输入参数有效 'true' 和控制输出参数 'column'（按照列排序）。

算子的功能描述：根据区域的相对位置对区域进行排序。除了"character"，所有的排序方法都会使用该区域的一个点，在参数 RowOrCol = 'row' 的帮助下，这些点将根据它们的行和列进行排序。当使用"column"时，将首先使用列值。

使用"character"时，这些区域将被视为一行中的字符，并将根据它们所在行的顺序进行排序；若两个区域水平重叠，将根据它们的列值对它们进行排序，否则将根据它们的行值对它们进行排序。为了能够正确地对一行进行排序，一行中的所有区域必须垂直重叠。此外，相邻行中的区域不能重叠。

参数 SortMode 可用值如下。

"first_point"表示区域第一行中列值最低的点。

"last_point"表示区域最后一行中列值最高的点。

"upper_left"表示周围矩形的左上角。

"upper_right"表示周围矩形的右上角。

"lower_left"表示周围矩形的左下角。

"lower_right"表示周围矩形的右下角。

注意，参数 Order 决定了排序是递增还是递减。当参数 Order 为"true"时表示排序递增；当参数 Order 为"false"时表示排序递减。

第十七，单击"运行"图标或按 F5 键，区域排序结果如图 7-30 所示。

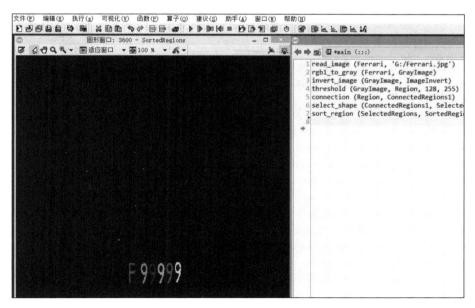

图 7-30　区域排序结果

第十八，读取 OCR（Optical Character Recognition，光学字符识别）分类器。read_ocr_class_mlp（FileName，OCRHandle）

输入算子

read_ocr_class_mlp（FileName，OCRHandle）。在用作读取 OCR 分类器时的表现形式为 read_ocr_class_mlp（'Industrial_0-9A-Z_Rej.omc'，OCRHandle1）。该算子有两个参数，分别为控制输入参数 FileName 和控制输出参数 OCRHandle（分类器句柄，相当于 C 语言中的形参）。

控制输入参数 FileName 有.omc 和.fnt 两种文件格式，.omc 格式的控制输入参数 FileName 见表 7-2。

表 7-2　.omc 格式的控制输入参数 FileName

'Document_A-Z+_NoRej.omc'	'DotPrint_A-Z+.omc'	'Document_NoRej.omc'
'Document_0-9A-Z_NoRej.omc'	'DotPrint_0-9A-Z.omc'	'Document_Rej.omc'
'Document_0-9_NoRej.omc'	'Document_0-9_Rej.omc'	'DotPrint.omc'
'Document_0-9A-Z_Rej.omc'	'DotPrint_0-9.omc'	'DotPrint_0-9+.omc'
'Document_A-Z+_Rej.omc'	'Industrial_A-Z+_NoRej.omc'	'Industrial_A-Z+_Rej.omc'
'Industrial_0-9A-Z_NoRej.omc'	'Industrial_0-9_NoRej.omc'	'Pharma_0-9.omc'
'Industrial_0-9+_NoRej.omc'	'Industrial_NoRej.omc'	'Pharma_0-9A-Z.omc'
'Industrial_0-9A-Z_Rej.omc'	'Industrial_0-9+_Rej.omc'	'Pharma.omc'
'Industrial_Rej.omc'	'Industrial_0-9_Rej.omc'	'Pharma_0-9+.omc'
'OCRB_passport.omc'	'OCRA_0-9A-Z.omc'	'MICR.omc'
'OCRA_0-9.omc'	'OCRB_0-9A-Z.omc'	'SEMI.omc'
'OCRB_A-Z+.omc'	'OCRB_A-Z+.omc'	'HandWritten_0-9.omc'
'OCRA.omc'	'OCRB_0-9.omc'	'OCRB.omc'

算子的名称为：从文件中读取 OCR 分类器。

算子的功能描述：算子 read_ocr_class_mlp 读取 OCR 分类器，与算子 write_ocr_class_mlp 写入 OCR 分类器相对应。由于 OCR 分类器的训练可能会花费相当长的时间，所以通常在脱机进程中训练分类器，并用 write_ocr_class_mlp 将其写入文件。在线过程中使用 read_ocr_class_mlp 读取分类器，然后使用 do_ocr_single_class_mlp 或 do_ocr_multi_class_mlp 进行分类。

Halcon 软件提供了许多预先训练的 OCR 分类器，这些预先训练的 OCR 分类器使阅读各种不同字体成为可能。

注意，预先训练的 OCR 分类器是用在白底黑字的符号训练中的。该算子主要为后面的车牌输出选择字体。单击"运行"图标或按 F5 键时，对外没有变化。

第十九，使用 OCR 分类器对多个字符进行分类。

输入算子 do_ocr_multi_class_mlp（SortedRegions，ImageInvert，OCRHandle1，Class1，Confidence1）。

算子 do_ocr_multi_class_mlp（Character，Image，OCRHandle，Class，Confidence）在

使用 OCR 分类器对多个字符进行分类的表现形式为 do_ocr_multi_class_mlp（SortedRegions，ImageInvert，OCRHandle1，Class1，Confidence1），共有五个参数，分别为图像输入参数 SortedRegions（待识别字符）、图像输入参数 ImageInvert（字符的灰度值，与前面的算子 invert_image（GrayImage，ImageInvert）中的参数相同）、控制输入参数 OCRHandle1（OCR 分类器的句柄，同前面出现的算子 read_ocr_class_mlp（'Industrial_0-9A-Z_Rej.omc'，OCRHandle1）中的参数相同）、控制输出参数 Class1（对字符进行分类的结果）和控制输出参数 Confidence1（字符类的概率）。

算子的功能描述：算子 do_ocr_multi_class_mlp 使用 OCR 分类器，为区域字符和灰度值图像所给出的每个字符计算出最佳类，并返回类及类的概率。该算子可以在一个调用过程中对多个字符进行分类，因此通常比使用 do_ocr_single_class_mlp 算子对单个字符进行分类的循环更快。但是，do_ocr_multi_class_mlp 只能返回每个字符的最佳类，因为它还可以被解释为概率（参见算子 classify_class_mlp evaluate_class_mlp）。该算子主要为后面的车牌输出选择字体服务。单击"运行"图标或按 F5 键时，对外没有变化。

第二十，输出识别后的车牌。

输入算子 disp_message（3600，Class1，'window'，460，410，'red'，'true'）。

算子 disp_message（WindowHandle，String，CoordSystem，Row，Column，Color，Box：）在输出识别后的车牌中的表现形式为 disp_message（3600，Class1，'window'，460，410，'red'，'true'），共有七个参数，分别为控制输入参数 3600（图形窗口的句柄）、控制输入参数 Class1（要显示的文本消息的字符串数组）、控制输入参数'window'（若设置为'window'，则文本位置相对于窗口坐标系统给出；若设置为'image'，则使用图像坐标，为'window'）、控制输入参数 460（该参数为所需文本位置的行坐标。若设置为−1，则使用默认值 12；建议值为 10、12、20、30，当然根据需要也可以是其他值，本例中为 460）、控制输入参数 410（该参数为所需文本位置的列坐标。若设置为−1，则使用默认值 12；建议值为 10、12、20，当然根据需要也可以是其他值，本例中为 410）、控制输入参数'red'（该参数将文本的颜色定义为字符串，可设置为默认值或"使用当前设置的颜色"。若传递一个字符串数组，则对每个新文本行循环使用这些颜色，默认值为"黑色"，建议值为"黑""蓝""黄""红""绿色""青""红色""森林绿""石灰绿""珊瑚""石板蓝"）和控制输入参数'true'（如果设置为"true"，文本将写在一个白框中，默认值为'true'，值的列表为'true'或者'false'，本例中为'true'）。

算子的功能描述：该算子在图形窗口的位置（行、列）显示文本。若 String 是一个数组，则为每个条目显示一个文本行。文本的位置可以在窗口坐标或图像坐标中指定，这在使用缩放图像时非常有用。另外，参数 Color 还可以为每个循环使用的新文本行循环使用指定颜色。

另外，Box 参数若设置为"true"，文本将写在一个橙色框中；若设置为"false"，则不显示任何框；若设置为一个颜色字符串（如"白色"等），则文本被写在那个颜色的框中。

第二十一，单击"运行"图标或按 F5 键，车牌字符输出如图 7-31 所示。

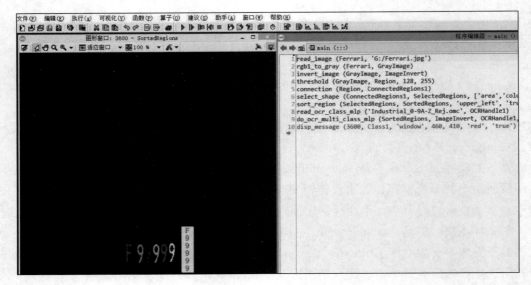

图 7-31　车牌字符输出

至此，车牌的字符识别就完成了。

单元八

视觉软件 Halcon 的汉字识别

一、汉字识别的步骤

汉字识别一般步骤如下：

① 图像采集。

② 图像预处理（预处理有多种方法，需根据采集到的图像确定预处理方法）。

③ 分割图像（分割图像有多种方法，需根据采集到的图像确定分割方法）。

④ 训练，形成 trf 文件。

⑤ 识别图像。

⑥ 输出信息。

二、汉字识别过程——图像采集

图像采集的步骤如下：

第一，打开 Halcon 软件，单击菜单栏中的"助手"菜单，选择"打开新的 Image Acquisition"命令，系统弹出的对话框如图 8-1 所示，选中"图像文件"单选按钮。

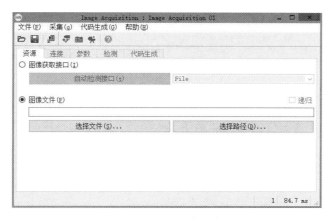

图 8-1　选择图像文件

第二，单击"图像文件"下的"选择文件"，如图 8-2 所示，选择电脑 G 盘中 HALCON 文件夹下名称为 word 的图像。

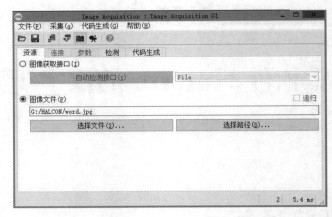

图 8-2　选择电脑中的图像

第三，选择图像后的界面如图 8-3 所示。

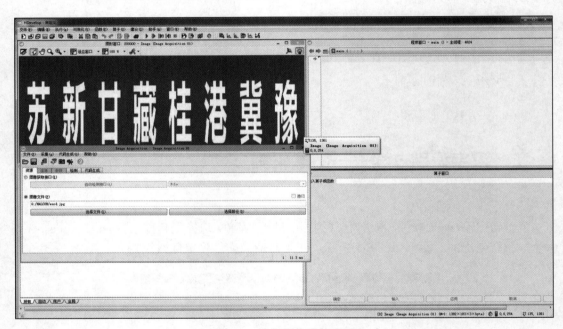

图 8-3　选择图像后的界面

第四，单击图 8-3 图形窗口中的"代码生成"，系统自动生成读取电脑 G 盘中 HALCON 文件夹下名称为 word 的图像的代码，如图 8-4 所示。图像代码第一行，以"*"号开头，是注释行；第二行是读图像算子，此时，光标➡正好指在这一行，但程序并没有执行到这一行，要想程序执行这一行，光标➡应指向该行的下面一行。

第五，若继续执行程序，可以单击 ▶ 图标，或者按下 F5 键，或者选择菜单栏"执行"菜单下的"运行"命令。这样，光标就移动到第二行的下面，此时界面如图 8-5 所示。

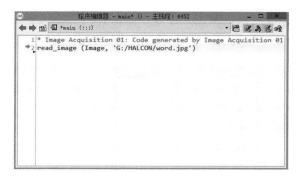

图 8-4 图像代码

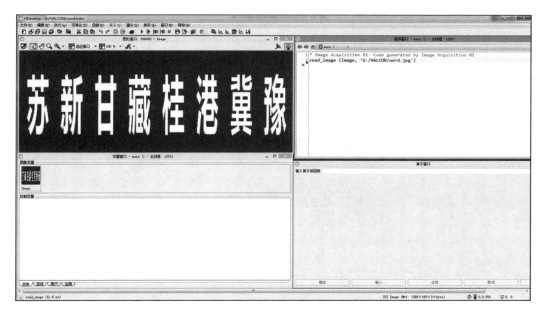

图 8-5 执行程序

三、汉字识别过程——图像预处理

图像预处理的步骤如下：

第一，将读取的图像灰度化。打开程序编辑器窗口（见图 8-6），使用算子 rgb1_to_gray（RGBImage : GrayImage : :）进行图像灰度化，其中 rgb1_to_gray 为算子名称。

算子参数介绍如下：

RGBImage 为输入图像名称（也称输入对象，即 RGB 图像）。

GrayImage 为输出图像名称（也称输出对象，即灰度图像）。

算子 rgb1_to_gray 的作用是将 RGB 图像转换为灰度图像。图像根据下列的公式进行转换。

gray = 0.299 * red + 0.587 * green + 0.114 * blue

如何识别一张图像上某一点的 RGB 值呢？可以单击 Halcon 中的图像，在 Halcon 界面的右下角，就会适时显示光标处的 RGB 值。

注：如果 RGB 图像是单通道图像，那么执行过 rgb1_to_gray 算子后，该 RGB 图像将简单地被复制到输出的灰度图像中。

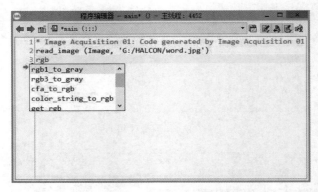

图 8-6　程序编辑器窗口

细心的读者会发现，刚输入 rgb 时就会弹出选择框，本例中可直接选择"rgb1_to_gray"，如图 8-7 所示，这样便于编写程序。

图 8-7　选择 rgb1_to_gray 算子

选择需要的算子 rgb1_to_gray 后，会出现错误提醒，这是因为此时还缺少算子参数。输入算子参数最快捷的方法是双击 Tab 键，系统将自动分配算子参数名称，如图 8-8 所示。

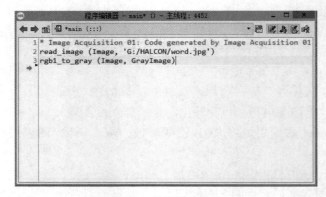

图 8-8　分配算子参数

在后面编写复杂程序时，使用这种方法可能会报错或者程序无法输出想要的结果。这是因为没注意相应参数的对应关系，这一点请读者注意。

此时已完成了将 RGB 图像转变成灰度图像。但细心的读者一定会发现，在图 8-6 所示窗口中还有另外一个算子 rgb3_to_gray。本例中为什么不选择 rgb3_to_gray 算子？

下面对 rgb3_to_gray 算子进行介绍。

rgb3_to_gray（ImageRed，ImageGreen，ImageBlue，ImageGray）

ImageRed 代表红色通道的输入参数。

ImageGreen 代表绿色通道的输入参数。

ImageBlue 代表蓝色通道的输入参数。

ImageGray 代表输出的灰度图像参数。

rgb3_to_gray 算子的作用是将 RGB 图像转换为灰度图像。RGB 图像的三个通道作为三个独立的图像传递通道。

第二，对灰度图像进行预处理。此时需用到 scale_image 算子，其作用是缩放图像的灰度值。

算子 scale_image（Image : ImageScaled : Mult, Add）。

Image：输入的图像参数，其灰度值将被缩放。

ImageScaled：输出的图像参数，改变后的图像。

Mult：控制输入参数，即比例因子。默认值是 0.01，建议值为 0.001、0.003、0.005、0.008、0.01、0.02、0.03、0.05、0.08、0.1、0.5、1.0，最小增量为 0.001，建议增量为 0.1。

Add：控制输出参数，默认值为 0，建议值为 0、10、50、100、200、500，最小增量为 0.01，建议增量为 1.0。

scale_image 算子通过以下公式对输入图像（Image）进行缩放。

$$输出图像的灰度值 = 输入图像的灰度值 * Mult + Add$$

若计算得到的灰度值因过大或者过小而溢出，则得到的数值将被自动删除。

注：上面的方法对于循环图像和方向图像不适用。

由于 scale_image 算子用于映射图像的灰度值，即将灰度值的最小值和最大值[GMin，GMax]映射到最大范围[0，255]。

因此，其参数选择的依据如下：

$$Mult = \frac{255}{GMax - GMin}$$

$$Add = -Mult*GMin$$

GMin 和 GMax 的值是可以通过 min_max_gray 算子确定的。

注：算子的运行时间会随控制参数的不同而不同。

同样，如何对灰度图像进行预处理？在 Halcon 软件的程序编辑器窗口中直接输入 scale_image，如图 8-9 所示。

或者在弹出选择框中选择"scale_image"，然后双击 Tab 键，如图 8-10 所示。

用上面的方法输入 scale_image 算子，其参数都是自动生成的。如果需要选择读者满意的参数，可以单击"灰度直方图" 📉 图标，就会出现如图 8-11 所示的灰度直方图。这里要说明的一点是，光标必须位于 scale_image 算子的下一行，否则可能不会出现如图 8-11 所示的灰度直方图。需要注意的是，刚开始学习编写程序时，尽量写一行代码，执行一行代码，发现错误或参数有误应及时纠正，避免到后面出现多种错误而难以排除。

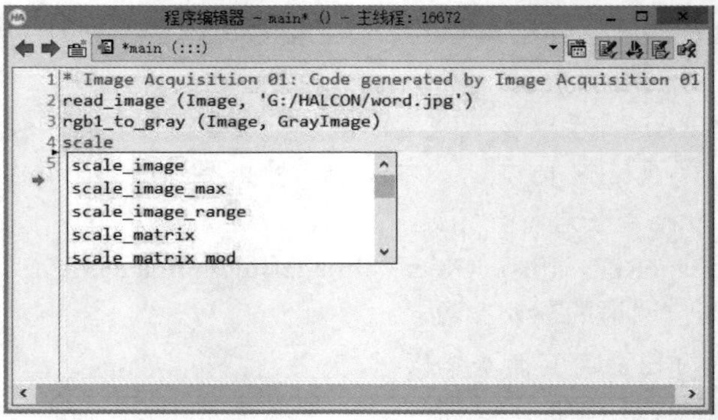

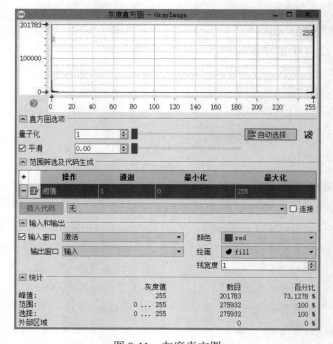

图 8-9　输入 scale_image 算子

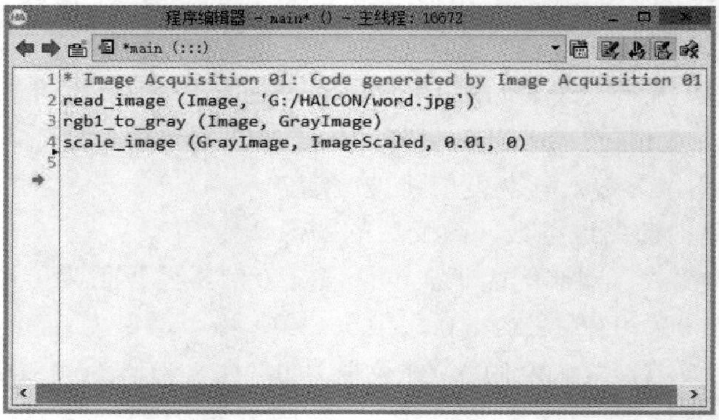

图 8-10　选择 scale_image 算子

图 8-11　灰度直方图

然后，单击阈值前的![]图标，使得阈值前的图标变为"√"，如图 8-12 所示。

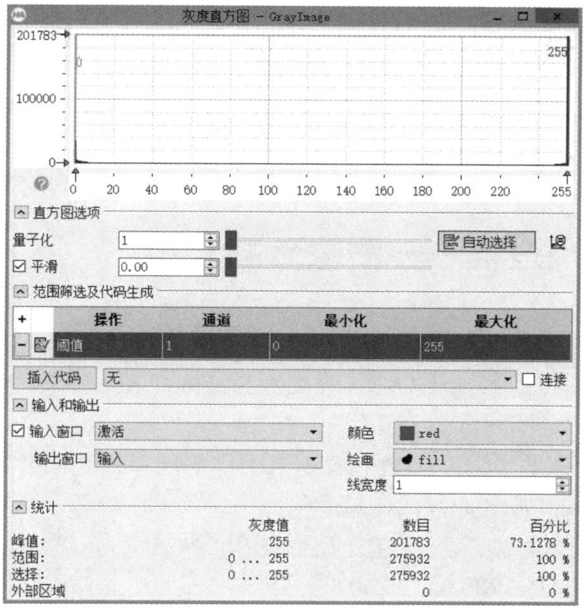

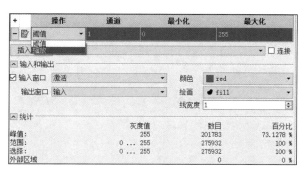

图 8-12　解锁阈值

之后再单击"阈值"，选择"缩放"选项，如图 8-13 所示。

图 8-13　选择"缩放"选项

拖动图形窗口中的竖线，并观察图像的变化，得到了清晰完整的图像后，停止拖动竖线，如图 8-14 所示。

图 8-14　调整 scale_image 算子参数

最后，单击"插入代码"，如图 8-15 所示。

图 8-15　插入代码

四、汉字识别过程——图像分割

图像分割的步骤如下：

第一，设置阈值需要用到 threshold（Image，Region，MinGray，MaxGray）算子，该算子的参数介绍如下。

Image：输入图像参数，这个参数一般是上面程序段中的输出参数。

Region：输出区域，被分成段的区域。

MinGray：控制输入参数，灰度值较低的阈值，默认值是 128.0，建议值为 0.0、10.0、30.0、64.0、128.0、200.0、220.0、255.0。

MaxGray：控制输入参数，灰度值较高的阈值，默认值是 255.0，建议值为 0.0、10.0、30.0、64.0、128.0、200.0、220.0、255.0。

阈值表示从输入图像中选择的灰度值 g，且灰度值应满足以下条件：

MinGray ≤g≤MaxGray

满足条件的图像上的所有点都会作为一个区域返回。若传递了多个灰度值间隔（MinGray 和 MaxGray 的数组），则为每个间隔返回一个单独的区域。

第二，设置阈值。单击"灰度直方图" 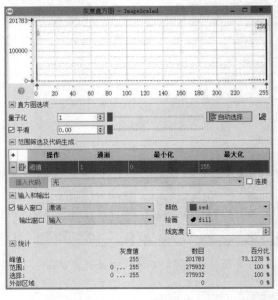 图标，打开灰度直方图，如图 8-16 所示。

图 8-16　灰度直方图

单击去掉阈值前的 图标，如图 8-17 所示。

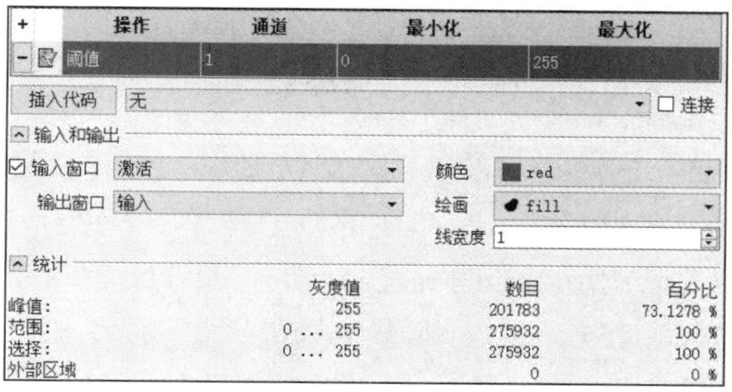

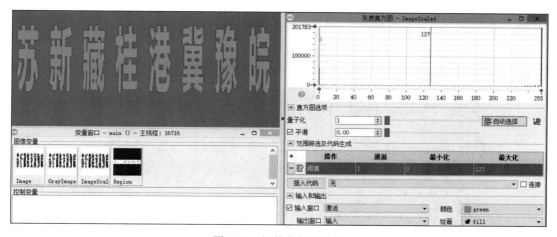

图 8-17　设置阈值

调整图形窗口中的竖线，使得图形窗口内显示符合要求的图像，如图 8-18 所示。这里被选中的是绿色区域，在窗口"颜色"列表框中也可以看到选中的是"green"选项。

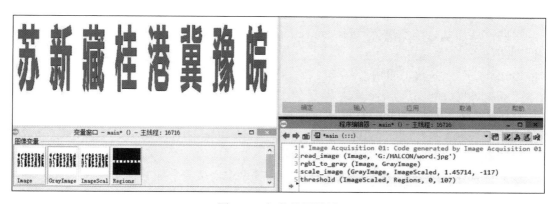

图 8-18　阈值范围的选择

单击"插入代码"，再单击 ▶ 图标，或者按 F5 键，或者选择菜单栏"执行"菜单下的"运行"命令，阈值设置结果如图 8-19 所示。

图 8-19　阈值设置结果

第三，膨胀字体。这里需要用到 dilation_rectangle1（Region，RegionDilation，Width，Height）算子，该算子的参数介绍如下。

Region：输入参数，要膨胀的区域。

RegionDilation：输出参数，膨胀后的区域。

Width：控制输入参数，构造矩形的宽度，默认值是 11，建议值为 1、2、3、4、5、11、15、21、31、51、71、101、151、201，典型的范围是 1≤宽度≤511。

Height：控制输入参数，构造矩形的高度，默认值是 11，建议值为 1、2、3、4、5、11、15、21、31、51、71、101、151、201，典型范围是 1≤宽度≤511。

一般常用一个矩形去扩张一个区域，主要目的是让每个汉字的笔画都相连，为下一步连通域做准备。否则，在连通域时就不能把每个汉字都完整地分开。

在 Halcon 软件的程序编辑器窗口中，输入 dilation_rectangle1（Regions，RegionDilation，5，5），或者输入 dilation_rectangle1，然后双击 Tab 键。其运行结果如图 8-20 所示。读者可以清楚地看到每个汉字的每个笔画都是相连的，这是为了让每个汉字都作为一个整体，从而为下一步的连通域做准备。

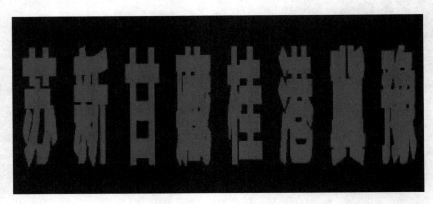

图 8-20　膨胀后的汉字

这里有的汉字膨胀地比较厉害，主要是为处理多个汉字的连通域服务。如果单独膨胀一个汉字就不会出现过度膨胀了，读者可以通过修改 dilation_rectangle 算子中的参数 Width 和 Height 来实现。

第四，连通域。该步骤会用到 connection（Region，ConnectedRegions）算子，该算子参数介绍如下。

Region：输入参数，即输入区域。

ConnectedRegions：输出参数，即多个连通的部分。

算子 connection（Region : ConnectedRegions）的主要作用是，将不相连的连通区域分解成多个连通域。例如，图 8-20 中的八个汉字对于 Halcon 来说就是一个区域（就是一个整体），要想识别这八个汉字就要将这个整体分成八块。

其具体操作：在 Halcon 软件的程序编辑器窗口中，接着上面的程序输入 connection，然后双击 Tab 键，或者单击"运行" ▶ 图标，或者按 F5 键，即可得到如图 8-21 所示的分块结果。

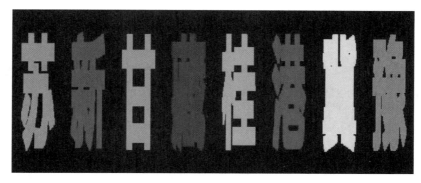

图 8-21　分块结果

对比图 8-20 和图 8-21 可以明显看出，图 8-20 中的八个汉字都是同一颜色，即它们是一个整体；图 8-21 中的八个汉字是八种颜色，即它们是八个不同的部分。connection 算子的作用就是把整体分成几个部分。

当然，对于如何划分会有很多要求。例如，对图像质量的要求，这就要追溯到硬件方面的光源、相机和镜头，以及软件方面对图像处理时各种算子的调用。

第五，汉字排序。例如，上面对图像中的八个汉字进行了识别，并且后面要显示这八个汉字，就要用到 sort_region（Regions : SortedRegions : SortMode，Order，RowOrCol）算子。该算子的作用是根据汉字的相对位置对其所在区域进行排序。

该算子的参数介绍如下。

Regions：输入参数，即要排序的区域。

SortedRegions：输出参数，即已排序的区域。

SortMode：控制输入参数，即点的种类，默认值是"第一个点"（区域中第一行列值最低的点），还有"字符"（区域将被视为一行中的字符，并将根据它们在行中的顺序进行排序）、"最后一个点"（区域中最后一行列值最高的点）、"左下"（周围矩形的左下角）、"右下"（周围矩形的右下角）、"左上"（周围矩形的左上角）、"右上"（周围矩形的右上角）等值。这些参数决定排序是递增还是递减。当参数值为"true"时，排序为递增，当参数值为"false"时，排序为递减。

Order：控制输入参数，即排序是递增或递减，默认值为"true"。

RowOrCol：控制输入参数，即先按行排序，然后按列排序，默认值为"row"。

该算子的执行过程为：在 Halcon 软件的程序编辑器窗口中，接着上面的程序输入 sort_region，然后双击 Tab 键，接着单击 ▶ 图标，或者按 F5 键，该执行过程是在 Halcon 软件内部完成，在界面中没有太多变化。

第六，计算元素个数。此时需使用 count_obj（Objects，Number）算子，该算子的参数介绍如下。

Objects：输入参数，即要检查的对象。

Number：控制输出参数，即元素的个数。

该算子的执行过程为：在 Halcon 软件的程序编辑器窗口中，接着上面的程序输入 count_obj，然后双击 Tab 键，接着单击 ▶ 图标，或者按 F5 键，结果如图 8-22 所示。

这时在图 8-22 所示变量窗口的"控制变量"下出现"Number"的参数值是 8，将光标移动到程序编辑器窗口的"Number"上时也会显示 8。如果两个参数不一致，应查看图像处理过程中出现的错误。

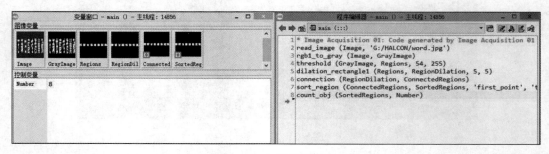

图 8-22　计算元素个数

第七，通过 for 循环语句找出上面的八个汉字。for 循环的作用是选择数组中的元素。其在程序中的执行过程为：在 Halcon 软件的程序编辑器窗口中，接着上面的程序输入

```
for i := 1 to Number by 1

endfor
```

应注意的是，由于 for 和 endfor 组成了一个 for 循环，因此这里用到的算子 select_obj（Objects，ObjectSelected，Index）应该写在 for 和 endfor 中间，否则在执行程序时就会出错。

算子 select_obj（Objects，ObjectSelected，Index）的参数介绍如下。

Objects：输入参数。

ObjectSelected：输出参数，即选定的对象。

Index：要选择对象的索引，默认值为1，建议值为1、2、3、4、5、6、7、8、9、10、50、100、200、500、1000、2000、5000。

若对算子的参数进行了调整，请读者在 Halcon 软件的程序编辑器窗口中接着前面的程序输入

```
for i := 1 to Number by 1

    select_obj (SortedRegions, ObjectSelected, i)

endfor
```

然后单击 ▶ 图标，或者按 F6 键。循环一次后，将显示例子中的第一个汉字"苏"，此时变量窗口中的"i"显示为 1。同样，将光标移动至程序编辑器窗口中 for 循环内的"i"上时也会显示数字 1，如图 8-23 所示。

用同样的方法再循环七次，可以看到其他七个汉字将依次出现在 Halcon 软件的图像窗口中，直到 for 循环结束。

如果不想连续单击"单步跳过函数" ▶ 图标，可以直接单击"运行" ▶ 图标，或者按 F5 键，都会得到同样的结果，但看不到上述过程。

到这里汉字的预处理过程就完成了，下面将介绍汉字的图像与字符相关联。

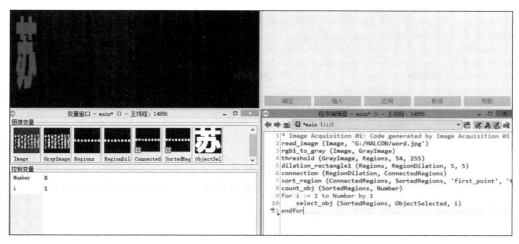

图 8-23　for 循环显示汉字

五、汉字识别过程——图像与字符相关联

图像与字符相关联的步骤如下：

第一，定义一个字符数组。在 Halcon 软件的程序编辑器窗口中接着上面的程序输入 "word :=['苏', '新', '甘', '藏', '桂', '港', '冀', '豫']"，单击"运行" ▶ 图标，或者按 F5 键。

第二，生成 trf 文件。在 Halcon 软件的程序编辑器窗口中接着上面的程序输入 "TrainFile := ' G://HALCON/word.trf '"。该语句的功能是，让 Halcon 生成一个名为 word 的 trf 文件，保存在计算机 G 盘的 HALCON 文件夹下。单击"运行" ▶ 图标，或者按 F5 键，可以在计算机 G 盘的 HALCON 文件夹下查看到名称为 word 的 trf 文件。

要想查看该文件，可以单击 图标，系统弹出如图 8-24 所示窗口。

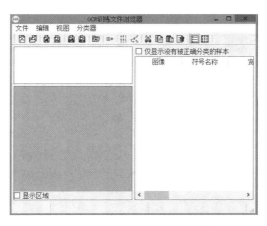

图 8-24　OCR 训练文件浏览器窗口

在 OCR 训练文件浏览器窗口中，单击"文件"菜单，选择"加载训练文件"命令，找到 trf 文件在计算机中的位置，选择并确定即可打开 trf 文件，如图 8-25 所示。单击 图标，同样可以打开 trf 文件。

图 8-25　查找并打开 trf 文件

这时能够清楚地看到汉字的图像和汉字的字符是一一对应的。当然，为了增加图像识别的鲁棒性，可以单击图 8-25 所示窗口中菜单栏的"编辑"菜单，选择"生成变化"命令，就生成 48 个异变，更好地增强了图像的识别性能，如图 8-26 所示。

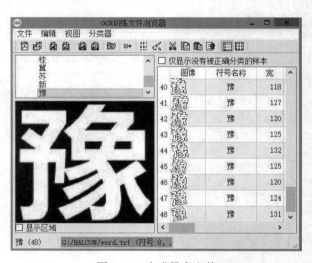

图 8-26　生成异变文件

第三，通过 for 循环语句向训练文件中添加字符。该 for 循环相比于上一个 for 循环，增加了算子 append_ocr_trainf（Character, Image，Class, TrainingFile），其作用是向训练文件中添加字符。

算子 append_ocr_trainf（Character, Image，Class, TrainingFile）中的参数介绍如下。

Character：输入参数，即要训练的对象。

Image：输入参数，即字符的灰度值。

Class：控制输入参数，即字符的类别（或名称）。

TrainingFile：控制输入参数，即训练文件的名称，默认为 train_ocr，文件扩展名为.trf。

该算子的执行过程为：在 Halcon 软件的程序编辑器窗口中，接着上面的程序输入

```
for i := 1 to Number by 1

    select_obj (SortedRegions, ObjectSelected, i)

    append_ocr_trainf (ObjectSelected, GrayImage, word[i-1], TrainFile)

endfor
```

这里要注意的是参数的名称。如果仅识别一个汉字，直接使用参数即可；但若要识别多个汉字，就需要使用数组。例如，word := ['苏', '新', '甘', '藏', '桂', '港', '冀', '豫']。另外，读者可以自己定义数组参数的名称 word，不必与上一句的参数名称相同。

单击"单步跳过函数" ▶ 图标（或者按 F6 键），可以看到每一步的执行结果；单击"运行" ▶ 图标（或者按 F5 键），只能看到最后一步的执行结果，结果如图 8-27 所示。

图 8-27　往训练文件中添加字符

第四，产生一个.omc 文件。其步骤为：在 Halcon 软件的程序编辑器窗口中，接着上面的程序输入

```
FontFile := 'G://HALCON/word.omc'
```

其功能是将名称为 word 的.omc 文件保存在计算机中 G 盘的 HALCON 文件夹下。

第五，查询哪些字符存储在训练文件中时，需要用到算子 read_ocr_trainf_names（，TrainingFile，CharacterNames，CharacterCount）。

该算子的参数介绍如下。

TrainingFile：输入控制参数，即文件的名称。文件的扩展名默认为. trf 。

CharacterNames：控制输出参数，即已读字符的名称。

CharacterCount：控制输出参数，即字符数。

由于参数的调整，请读者在 Halcon 软件的程序编辑器窗口中，接着前面的程序输入"read_ocr_trainf_names（TrainFile, CharacterNames, CharacterCount）"，然后单击 ▶ 图标，

或者按 F5 键，或者选择"执行"菜单下的"运行"命令，其运行结果如图 8-28 所示。此时变量窗口中的参数 CharacterNames 已经存在了八个汉字。当用单击程序编辑器窗口中的参数 CharacterNames 时，同样也会显示这八个汉字。

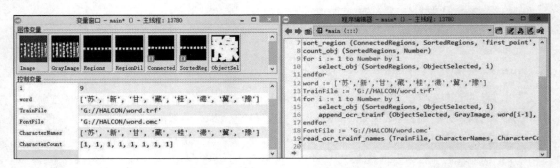

图 8-28   查询训练文件中的字符

六、汉字识别过程——创建和训练分类器

创建和训练分类器的步骤如下：

第一，创建分类器。创建分类器时需使用算子 create_ocr_class_mlp。该算子是图像处理的核心算子。涉及图像处理的知识较多，为了节省篇幅，本节仅介绍该算子所有参数的作用，读者若想详细了解该算子，还需进一步学习 MLP（Multi-Layer Perceptron，多层感知器）、OCR（Optical Character Recognition，光学字符识别）等相关视觉处理知识，还应该在的实践中理解程序的内涵。

该算子的原始形式为 create_ocr_class_mlp（WidthCharacter，HeightCharacter，Interpolation，Features，Characters，NumHidden，Preprocessing，NumComponents，RandSeed；OCRHandle），其参数介绍如下。

WidthCharacter：控制输入参数，即将分段字符的灰度值缩放至矩形的宽度。该参数的默认值为 8，建议值有 15 个，分别为 1、2、3、4、5、6、7、8、9、10、11、12、14、16、20，典型值的范围是 4≤WidthCharacter≤20。

HeightCharacter：控制输入参数，即将分段字符的灰度值缩至矩形的高度。该参数默认值为 10，建议值有 15 个，分别为 1、2、3、4、5、6、7、8、9、10、11、12、14、16、20，典型值的范围是 4≤HeightCharacter≤20。

Interpolation：控制输入参数，即用于缩放字符的插值模式，默认值是 constant，还有 bilinear、nearest_neighbor、weighted 等。

Features：控制输入参数，用于特征的分类，默认值是 default，此外还有 anisometry、chord_histo、compactness、convexity、cooc、foreground、foreground_grid_16、foreground_grid_9、gradient_8dir、height、moments_central、moments_gray_plane、moments_region_2nd_invar、moments_region_2nd_rel_invar、num_runs、phi、moments_region_3rd_invar、num_connect、num_holes、pixel_binary、pixel_invar、projection_horizontal、projection_horizontal_invar、projection_vertical、ratio、width、zoom_factor、prpixelojection_vertical_invar。

Characters：控制输入参数，即要读取的字符集的所有字符，默认值为'0'、'1'、'2'、'3'、

'4'、'5'、'6'、'7'、'8'、'9'。

NumHidden：控制输入参数，即多层神经网络的隐藏单元数。该参数的默认值为 80，建议值为 1、2、3、4、5、8、10、15、20、30、40、50、60、70、80、90、100、120、150，要求 NumHidden≥1。

Preprocessing：控制输入参数，即用于转换特征向量的预处理类型，默认值为 none，此外还有 canonical_variates、normalization、principal_components 等。

NumComponents：控制输入参数，即预处理参数，默认值为 10，建议值为 1、2、3、4、5、8、10、15、20、30、40、50、60、70、80、90、100。要求 NumComponents≥1。

RandSeed：控制输入参数，即随机数生成器的种子值，用于用随机值初始化神经网络，默认值为 42。

OCRHandle：控制输出参数，即分类器的 ID 号。

由于参数的调整，请读者在 Halcon 软件的程序编辑器窗口中，接着前面的程序输入 "create_ocr_class_mlp（8，10，'constant'，'default'，CharacterNames，80，'none'，10，42，OCRHandle））"，然后单击 ▶ 图标，或者按 F5 键，或者选择菜单栏"执行"菜单下的"运行"命令。

第二，训练 OCR（Optical Character Recognition，光学字符识别）分类器。此时需用到算子 trainf_ocr_class_mlp（OCRHandle，TrainingFile，MaxIterations，WeightTolerance，Error，ErrorLog），其参数介绍如下。

OCRHandle：控制输入参数，用于对状态的修改，是 OCR 分类器的 ID 号。

TrainingFile：控制输入参数，是训练文件的名称，默认为 ocr.trf，扩展文件名为.trf、.otr。

MaxIterations：控制输入参数，优化算法的最大迭代次数，默认值是 200，还有 20、40、60、80、100、120、140、160、180、220、240、260、280、300 值可选。

WeightTolerance：控制输入参数，优化算法两次迭代之间的 MLP（Multi-Layer Perceptron，多层感知器）权重差的阈值。默认值为 1.0，建议值为 1.0、0.1、0.01、0.001、0.0001、0.00001，要求 WeightTolerance≥1.0^{e-8}。

Error：控制输出参数，训练数据的平均误差。

ErrorLog：控制输出参数，MLP 将训练数据的平均误差作为优化算法迭代次数的函数。

由于参数的调整，请读者在 Halcon 软件的程序编辑器窗口中，接着前面的程序输入 "trainf_ocr_class_mlp (OCRHandle，TrainFile，200，1，0.01，Error，ErrorLog)"，然后单击 ▶ 图标，或者按 F5 键，或者选择菜单栏"执行"菜单下的"运行"命令。

七、汉字识别过程——后续处理

后续处理的步骤如下。

第一，保存 OMC 文件。此时需使用算子 write_ocr_class_mlp（OCRHandle，FileName），其参数介绍如下。

OCRHandle：控制输入参数，OCR 分类器的 ID 号。

FileName：控制输入参数，文件名，文件扩展名为.omc。

本例中，在 Halcon 软件的程序编辑器窗口中，接着上面的程序输入"write_ocr_class_mlp (OCRHandle, FontFile)"，单击 ▶ 图标，或者按 F5 键，或者选择菜单栏"执行"菜单下的"运行"命令。

第二，清除 OCR 分类器。此时需使用算子 clear_ocr_class_mlp（OCRHandle），其参数介绍如下。

OCRHandle：控制输入参数，OCR 分类器的 ID 号。

由于参数的调整，请读者在 Halcon 软件的程序编辑器窗口中，接着前面的程序输入算子"clear_ocr_class_mlp（OCRHandle）"，然后单击 ▶ 图标，或者按 F5 键，或者选择菜单栏"执行"菜单下的"运行"命令。

第三，从文件中读取 OCR 分类器。此时需使用算子 read_ocr_class_mlp（FileName, OCRHandle），其参数介绍如下。

FileName：控制输入参数，是文件名称。该参数的建议值为 Document_A-Z+_NoRej.omc、Document_0-9A-Z_NoRej.omc、Document_0-9_NoRej.omc、Document_NoRej.omc、Document_A-Z+_Rej.omc、Document_0-9A-Z_Rej.omc、Document_0-9_Rej.omc、Document_Rej.omc、DotPrint_A-Z+.omc、DotPrint_0-9A-Z.omc、DotPrint_0-9.omc、DotPrint_0-9+.omc、DotPrint.omc、SEMI.omc、HandWritten_0-9.omc、OCRB.omc、Pharma.omc、Industrial_0-9A-Z_NoRej.omc、Industrial_0-9_NoRej.omc、Industrial_0-9+_NoRej.omc、Industrial_NoRej.omc、Industrial_A-Z+_Rej.omc、Industrial_0-9A-Z_Rej.omc、Industrial_0-9_Rej.omc、Industrial_0-9+_Rej.omc、Industrial_Rej.omc、MICR.omc、OCRB_A-Z+.omc、OCRA_0-9A-Z.omc、OCRA_0-9.omc、OCRA.omc、OCRB_A-Z+.omc、OCRB_0-9A-Z.omc、OCRB_0-9.omc、OCRB_passport.omc、Pharma_0-9A-Z.omc、Pharma_0-9.omc、Pharma_0-9+.omc、Industrial_A-Z+_NoRej.omc。

OCRHandle：控制输出参数，OCR 分类器的 ID 号。

由于参数的调整，请读者在 Halcon 软件的程序编辑器窗口中，接着前面的程序输入"read_ocr_class_mlp ('G://HALCON/word.omc', OCRHandle1)"，▶ 图标，或者按 F5 键，或者选择菜单栏"执行"菜单下的"运行"命令。

第四，对多个字符进行分类。此时需使用算子 do_ocr_multi_class_mlp（Character, Image，OCRHandle，Class，Confidence），目的是利用 OCR 分类器，对字符分类。

该算子的参数介绍如下。

Character：输入参数，要识别的字符。

Image：输入参数，字符的灰度值。

OCRHandle：控制输入参数，OCR 分类器的 ID 号。

Class：用 MLP 对字符进行分类的结果，元素个数 Class == Character。

Confidence：字符准确的等级，元素个数 Confidence == Character。

由于参数的调整，请读者在 Halcon 软件的程序编辑器窗口中，接着前面的程序输入"do_ocr_multi_class_mlp（SortedRegions，GrayImage，OCRHandle1，Class，Confidence）"，然后单击 ▶ 图标，或者按 F5 键，或者选择菜单栏"执行"菜单下的"运行"命令。

这时在控制变量窗口中的 Class 参数下可看到八个汉字，或者单击程序编辑器窗口中算子"do_ocr_multi_class_mlp（SortedRegions，GrayImage，OCRHandle1，Class，Confidence）"中的"Class"也能看到八个汉字，其结果如图 8-29 所示。

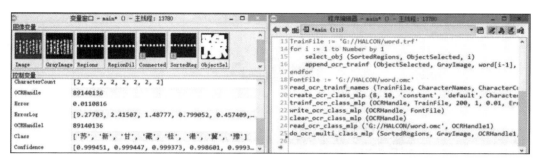

图 8-29　汉字在"Class"中的显示

第五，到这里汉字识别已经完成。但是为了更直观地显示汉字，本例另增加了一个算子 disp_message（WindowHandle，String，CoordSystem，Row，Column，Color，Box），其参数说明如下。

WindowHandle：控制输入参数，显示图形窗口的 ID 号。

String：控制输入参数，包含要显示的文本消息的字符串元素。

CoordSystem：控制输入参数，如果设置为 window，则相对于窗口坐标系给出文本位置。如果设置为 image，则使用图像坐标。

Row：控制输入参数，所需文本位置的行坐标。如果设置为–1，则使用默认值 12。建议值为 10、20 和 30。

Column：控制输入参数，所需文本位置的列坐标。如果设置为–1，则使用默认值 12。建议值为 10、12 和 20。

Color：控制输入参数，将文本的颜色定义为字符串。如果设置为[ ]，或 " "，则使用当前设置的颜色。如果传递字符串元素的颜色，则对每个新的文本行循环使用颜色。默认值为 'black'，建议值为 'black'、'blue'、'yellow'、'red'、'green'、'cyan'、'magenta'、'forest green'、'lime green'、'coral'、'slate blue'。

Box：控制输入参数，如果设置为 'true'，文本将写入一个白色框中。默认值为 'true'，可以选择 'true'或者 'false'。

由于参数的调整，请读者在 Halcon 软件的程序编辑器窗口中，接着前面的程序输入"disp_message（3600，Class，'window'，0，0，'black'，'true'）"，然后单击 ▶ 图标，或者按 F5，或者选择菜单栏"执行"菜单下的"运行"命令。

汉字输出如图 8-30 所示，该图左上角显示着"苏、新、甘、藏、桂、港、冀、豫"八个汉字。

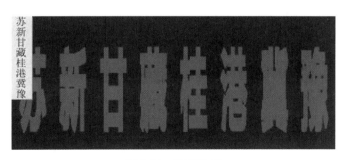

图 8-30　汉字输出

单元九

视觉应用——物体追踪

一、物体追踪的步骤

物体追踪的一般步骤如下。

① 读取模板图像。

② 创建模板。

③ 定义测试窗口。

④ 跟随被测目标。

⑤ 输出信息。

二、读取模板图像

读取模板图像的步骤如下。

第一，打开 Halcon 软件，单击菜单栏中的"助手"菜单，选择"打开新的 Image Acquisition"命令，打开 Image Acquisition 窗口（见图 8-1），选中"图像文件"单选按钮。

第二，单击"图像文件"下的"选择文件"。选择已保存在电脑中的图像，这里选择电脑 G 盘中名称为 1、格式为 jpg 的图像，如图 9-1（a）所示。

第三，单击 Image Acquisition 窗口中的"代码生成"，这样名称为 1 的图像的代码就会自动生成。该代码的第一行以"*"开头，是注释行。第二行是读图像算子，此时，光标 ➡ 正好指在这一行，但程序并没有执行到这一行，要想程序执行这一行，光标 ➡ 应指向该行的下面一行。

第四，单击"运行" ▶ 图标，或者按 F5 键，或者选择菜单栏"执行"菜单下的"运行"命令，光标就会移动到下一行，如图 9-1（b）所示。

 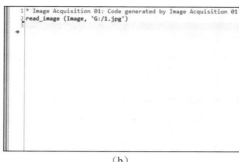

<table>
<tr><td>（a）</td><td>（b）</td></tr>
</table>

图 9-1 读取图像

第五，获取图像大小。获取图像大小是指获取图像宽和高的像素。此时需用到算子 get_image_size（Image，Width，Height），其参数介绍如下。

Image：输入参数，输入图像。

Width：输出参数，图像的宽度。

Height：输出参数，图像的高度。

打开 Halcon 软件的变量窗口，图像参数值如图 9-2 所示。将光标移至程序编辑器窗口中的"Width"和"Height"参数上，也会显示相应的数值。Halcon 输出的数值是否准确呢？可以通过以下方法进行验证。具体操作为：右击图像，在快捷菜单中选择"属性"命令，打开属性对话框，在"详细信息"栏下显示图像宽度和高度的像素。

图 9-2 图像参数值

由于参数的调整，请读者在 Halcon 软件的程序编辑器窗口中，接着前面的程序输入"get_image_size (Image, Width, Height)"，然后单击 ▶ 图标，或者按 F5 键，或者选择菜单栏"执行"菜单下的"运行"命令。

第六，打开一个新窗口。此时需用到算子 dev_open_window（Row，Column，Width，Height，Background，WindowHandle），其参数介绍如下。

Row：控制输入参数，即左上角的行索引。默认值为 0，典型值的范围要求是行≥0。

Column：控制输入参数，即左上角的列索引。默认值为 0，典型值的范围要求是列≥0。

Width：控制输入参数，即新窗口的宽度。默认值为 256，典型值的范围要求是宽度≥0。最小增量为 1。

Height：控制输入参数，即新窗户的高度。默认值为 256，典型值的范围要求是高度≥0。最小增量为 1。

Background：控制输入参数，即新窗口的背景颜色。默认值为 black。

WindowHandle：控制输出参数，即新窗口的 ID 号。

在变量窗口中可以查看到 WindowHandle 的值是 3601，该值由系统分配，不需人工设计，不会有重复，避免了干扰。另外，也可以将光标移至程序编辑器窗口中的"WindowHandle"上，同样也会显示其值 3601。

由于参数的调整，请读者在 Halcon 软件的程序编辑器窗口中，接着前面的程序输入"dev_open_window（0，0，Width，Height，'black'，WindowHandle）"，然后单击 ▶ 图标，或者按 F5 键，或者选择菜单栏"执行"菜单下的"运行"选项。这样，光标就移动至下一行，如图 9-3 所示。

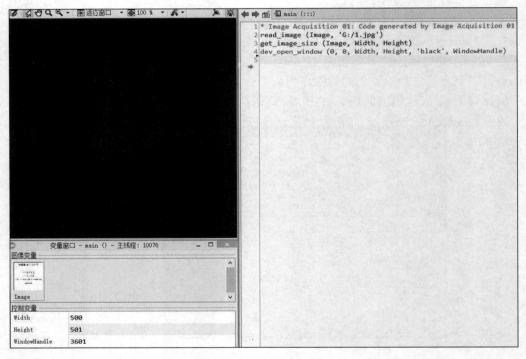

图 9-3　打开新窗口

第六，重新显示图像。此时需使用算子 dev_display（Object），其参数介绍如下。

Object：输入参数，即要显示的图像。

由于参数的调整，请读者在 Halcon 软件的程序编辑器窗口中，接着前面的程序输入"dev_display（Image）"，然后单击 ▶ 图标，或者按 F5 键，或者选择菜单栏"执行"菜单下的"运行"命令。这样，光标就移至末行，如图 9-4 所示。

对比图 9-1 和图 9-4，不难发现图 9-1 所示图像出现了失真，图 9-4 所示图像与计算机里的原图一致。所以，这样安排是为后面处理图像提供方便。

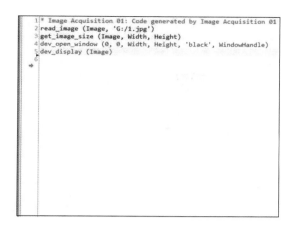

图9-4　新窗口下的图像

三、创建形状模板

创建形状模板的步骤如下。

第一，区域输出的填充模式。此时需用到算子 dev_set_draw（DrawMode），其参数介绍如下。

DrawMode：区域输出的填充模式，默认值为"fill"，还可以选择"margin"。

如果 DrawMode 设置为"fill"，则区域显示为填充；如果设置为"margin"，则区域仅显示轮廓。

由于参数的调整，请读者在 Halcon 软件的程序编辑器窗口中，接着前面的程序输入"dev_set_draw（'margin'）"，然后单击 ▶ 图标，或者按 F5 键，或者选择菜单栏"执行"菜单下的"运行"命令。

第二，在图像上画矩形。此时需用到算子 draw_rectangle2（WindowHandle，Row，Column，Phi，Length1，Length2），其参数介绍如下。

WindowHandle：控制输入参数，窗口的 ID 号。

Row：控制输出参数，中心的行坐标（单位是像素）。

Column：控制输出参数，中心的列坐标（单位是像素）。

Phi：输出控制参数，以弧度表示的较大的半轴方向。

Length1：控制输出参数，大的半轴。

Length2：控制输出参数，小的半轴。

由于参数的调整，请读者在 Halcon 软件的程序编辑器窗口中，接着前面的程序输入"draw_rectangle2（WindowHandle，Row，Column，Phi，Length1，Length2）"；然后单击 ▶ 图标，或者按 F5 键，或者选择菜单栏"执行"菜单下的"运行"命令。这时，光标附近会出现等待的标记，程序不继续向下执行，等待读者用鼠标画出正方形。

此时，读者在所要画矩形的区域中心，按住鼠标左键，移动光标，就会出现一个矩形。画好矩形后，松开鼠标左键，可以适当调整矩形。画出的矩形如图9-5所示。

若要结束画矩形，需要单击鼠标右键，才可以进行下一步的操作。

117

图 9-5　用矩形框出需要的区域

第三，创建所画矩形的方向。此时需使用算子 gen_rectangle2（Rectangle，Row，Column，Phi，Length1，Length2），其参数介绍如下。

Rectangle：输出参数，已创建的矩形。

Row：控制输入参数，中心线行值，默认值为 300.0，还有其他值即 10.0、20.0、50.0、100.0、200.0、400.0、500.0，最小增量值为 1.0，建议增量值为 10.0。

Column：控制输入参数，中心线列值，默认值为 200.0，还有其他值 10.0、20.0、50.0、100.0、300.0、400.0、500.0，最小增量值为 1.0，建议增量值为 10.0。

Phi：控制输入参数，纵轴与水平面的夹角（弧度），默认值为 0.0，建议值还有−1.178097、−0.785398、−0.392699、0.392699、0.785398、1.178097，典型值范围是−1.178097≤Phi≤1.178097，最小增量为 0.001，建议增量为 0.1，限定范围是（−pi/2）<Phi≤（pi/2）。

Length1：控制输入参数，半宽，默认值是 100.0，建议值还有 3.0、5.0、10.0、15.0、20.0、50.0、200.0、300.0、500.0，典型值为 1，最小增量为 1.0，建议增量为 10.0。

Length2：控制输入参数，半高，默认值为 20.0，建议值为 1.0、2.0、3.0、5.0、10.0、15.0、50.0、100.0、200.0，典型值为 2，最小增量为 1.0，建议增量为 10.0。

由于参数的调整，请读者在 Halcon 软件的程序编辑器窗口中，接着前面的程序输入"gen_rectangle2（Rectangle，Row，Column，Phi，Length1，Length2）"；然后单击 ▶ 图标，或者按 F5 键，或者选择菜单栏"执行"菜单下的"运行"命令，其运行结果如图 9-6 所示。

第四，剪切所创建的矩形图像。此时需使用算子 reduce_domain（Image，Region，ImageReduced），其参数介绍如下。

Image：输入参数，即输入图像。

Region：输入参数，即新定义的域，矩形框出的区域。

ImageReduced：输出参数，即剪切后的图像。

图9-6　创建所画矩形的方向

由于参数的调整，请读者在 Halcon 软件的程序编辑器窗口中，接着前面的程序输入 "reduce_domain（Image，Rectangle，ImageReduced）"；然后单击 ▶ 图标，或者按 F5 键，或者选择菜单栏"执行"菜单下的"运行"命令。剪切后的图像如图 9-7 所示。

图9-7　剪切后的图像

第五，创建形状模型。此时需使用算子 create_shape_model（Template，NumLevels，AngleStart，AngleExtent，AngleStep，Optimization，Metric，Contrast，MinContrast，ModelID），其参数介绍如下。

Template：输入参数，即输入并将用于创建模型的图像。

NumLevels：控制输入参数，即金字塔级别的最大数量。默认值为 auto，其他值还有 0、1、2、3、4、5、6、7、8、9、10。

AngleStart：控制输入参数，即图案的最小旋转量。默认值为−0.39，其他值还有−3.14、−1.57、−0.79、−0.20、0.0。

AngleExtent：控制输入参数，即旋转角度的范围。默认值为0.79，其他值还有6.29、3.14、1.57、0.39，限制范围为AngleExtent≥0。

AngleStep：控制输入参数，即角度的步长（分辨率）。默认值为auto，其他值还有0.0175、0.0349、0.0524、0.0698、0.0873，限制范围为0≤AngleStep≤（π/16）。

Optimization：控制输入参数，即用于生成模型的可选方法。默认值为auto，其他值还有no_pregeneration、none、point_reduction_high、point_reduction_low、point_reduction_medium、pregeneration。

Metric：控制输入参数，即匹配标准。默认值为use_polarity，其他值还有ignore_color_polarity、ignore_global_polarity、ignore_local_polarity。

Contrast：控制输入参数，即模板与目标的对比度大小。默认值为auto，其他值还有auto_contrast、auto_contrast_hyst、auto_min_size、10、20、30、40、60、80、100、120、140、160。

MinContrast：控制输入参数，即搜索图像中对象的最小对比度。默认值为auto，其他值还有1、2、3、5、7、10、20、30、40，限制范围为MinContrast＜Contrast。

ModelID：控制输出参数，即模型的输出ID号。

由于参数的调整，请读者在Halcon软件的程序编辑器窗口中，接着前面的程序输入"create_shape_model（ImageReduced，'auto'，0，rad（360），'auto'，'none'，'use_polarity'，30，10，ModelID）；然后单击 ▶ 图标，或者按F5键，或者选择菜单栏"执行"菜单下的"运行"命令。

第六，查找模型。此时需使用算子find_shape_model（Image，ModelID，AngleStart，AngleExtent，MinScore，NumMatches，MaxOverlap，SubPixel，NumLevels，Greediness，Row，Column，Angle，Score）"，其参数介绍如下。

Image：输入参数，即能在其中找到所创建模型的输入图像。

ModelID：控制输入参数，即模型的ID号。

AngleStart：控制输入参数，即模型的最小旋转量，默认值为−0.39，其他值还有−3.14、−1.57、−0.78、−0.20、0.0。

AngleExtent：控制输入参数，即旋转角度的范围，默认值为0.78，其他值还有6.29、3.14、1.57、0.39、0.0，其中角度的限制范围是AngleExtent≥0。

MinScore：控制输入参数，即要找到的模型实例的最低匹配程度，默认值为0.5，其他值还有0.3、0.4、0.6、0.7、0.8、0.9、1.0，典型值范围是0≤MinScore≤1，最小增量为0.01，建议增量为0.05。

NumMatches：控制输入参数，即找到模型的数量，默认值为1，其他值还有0、2、3、4、5、10、20。

MaxOverlap：控制输入参数，即要找到的模型实例的最大重叠，默认值为0.5，其他值还有0.0、0.1、0.2、0.3、0.4、0.6、0.7、0.8、0.9、1.0，MaxOverlap的取值范围是0≤MaxOverlap≤1，最小增量为0.01，建议增量为0.05。

SubPixel：控制输入参数，即如果不是none则为亚像素精度，默认值为least_square，其他值还有interpolation、least_squares、least_squares_high、least_squares_very_high、max_ deformation 1、max_deformation 2、max_deformation 3、max_deformation 4、max_deformation 5、max_deformation 6 。

NumLevels：控制输入参数，即匹配中使用的金字塔级别数（如果 | NumLevels | =2，则使用的是最低的金字塔级别），默认值为 0，其他值还有 1、2、3、4、5、6、7、8、9、10。

Greediness：控制输入参数，即搜索启发式的"Greediness"（0：安全但缓慢；1：快速，但可能会错过匹配项），默认值为 0.9，其他值还有 0.0、0.1、0.2、0.3、0.4、0.5、0.6、0.7、0.8、1.0，典型值范围为 0≤Greediness≤1，最小增量为 0.01，建议增量为 0.05。

Row：控制输出参数，即找到的模型实例的行坐标。

Column：控制输出参数，即找到的模型实例的列坐标。

Angle：控制输出参数，即找到的模型实例的旋转角度。

Score：控制输出参数，即找到的模型实例的匹配程度。

由于参数的调整，请读者在 Halcon 软件的程序编辑器窗口中，接着前面的程序输入"find_shape_model（Image，ModelID，0，rad（360），0.4，1，0，'least_squares'，0，0.7，ModelRow，ModelColumn，ModelAngle，ModelScore）"；然后单击 ▶ 图标，或者按 F5 键，或者选择菜单栏"执行"菜单下的"运行"命令。

第七，返回形状模型的轮廓。此时需使用算子"get_shape_model_contours（ModelContours，ModelID，Level）"，其参数介绍如下。

ModelContours：输出参数，即形状模型的轮廓。

ModelID：控制输入参数，即模型的 ID 号。

Level：控制输入参数，即应返回轮廓表示的金字塔级别，默认值为 1，其他值还有 2、3、4、5、6、7、8、9、10，Level 的限定范围是 Level ≥1。

由于参数的调整，请读者在 Halcon 软件的程序编辑器窗口中，接着前面的程序输入"get_shape_model_contours（ShapeModel，ModelID，1）"；然后单击 ▶ 图标，或者按 F5 键，或者选择菜单栏"执行"菜单下的"运行"命令。

四、定义测试窗口

定义测试窗口的步骤如下。

第一，显示图像。此时需使用算子 dev_display（Object）"，其参数介绍如下。

Object：输入参数，即要显示的图像对象。

由于参数的调整，请读者在 Halcon 软件的程序编辑器窗口中，接着前面的程序输入"dev_display (Image)"；然后单击 ▶ 图标，或者按 F5 键，或者选择菜单栏"执行"菜单下的"运行"命令。其显示的图像如图 9-8 所示。

第二，设置行和列的偏移量。

请读者在 Halcon 软件的程序编辑器窗口中，接着前面的程序输入如下程序。

```
OffsetRow:=Row-ModelRow
```

```
OffsetColumn:=Column-ModelColumn。
```

职业技术学院

控制技术分院

机器人技术系

INSTITUTE OF TECHNOLOGY

20210101

图 9-8　显示的图像

第三，读取预先保存在电脑 G 盘中的图片，该图片的格式是.jpg。

请读者在 Halcon 软件的程序编辑器窗口中，接着前面的程序输入如下程序。

```
ImageFiles := [ ]

ImageFiles[0] := 'G:/1.jpg'

ImageFiles[1] := 'G:/2.jpg'

ImageFiles[2] := 'G:/3.jpg'

ImageFiles[3] := 'G:/4.jpg'
```

五、测试被测图像

测试被测图像的步骤如下。

第一，用 for 循环语句实现连续读取多张图片。

在 Halcon 软件的程序编辑器窗口中，接着上面的程序输入

```
for Index := 0 to |ImageFiles| - 1 by 1

endfor
```

应注意的是，for 和 endfor 组成一个 for 循环，程序语句应该写在其中间，否则在执行程序时会出错。

其中，Index 相当于设定的参数，其取值范围为从 0 到 |ImageFiles| −1，ImageFiles 值的大小就是图像的个数。

第二，读取图像。此时需使用算子 read_image（Image，FileName）。

由于参数的调整，请读者在 Halcon 软件的程序编辑器窗口中，接着前面的程序输入"read_image（Image，ImageFiles[Index]）"；然后单击 ▶ 图标，或者按 F5 键，或者选择菜

单栏"执行"菜单下的"运行"命令。

第三,显示图像。此时需使用算子 dev_display (Image)。

由于参数的调整,请读者在 Halcon 软件的程序编辑器窗口中,接着前面的程序输入"dev_display (Image)";然后单击 ▶ 图标,或者按 F5 键,或者选择菜单栏"执行"菜单下的"运行"命令。

第四,在 Halcon 软件的"程序编辑器"窗口中,接着上面的程序输入如下的参数"RowCheck:=0""ColumnCheck:=0""AngleCheck:=0""Score:=0";然后单击 ▶ 图标,或者按下 F5 键,或者选择菜单栏"执行"菜单下的"运行"命令。

第五,在图像中查找形状模型的最佳匹配项。此时需使用算子 find_shape_model(Image,ModelID,AngleStart,AngleExtent,MinScore,NumMatches,MaxOverlap,SubPixel,NumLevels,Greediness,Row,Column,Angle,Score),其参数介绍如下。

Image:输入参数,模型的输入图像。

ModelID:控制输入参数,模型的 ID 号。

AngleStart:控制输入参数,模型的最小旋转量。默认值为−0.39,其他值还有−3.14、−1.57、−0.78、−0.20、0.0。

AngleExtent:控制输入参数,旋转角度的范围。默认值为 0.78,其他值还有 6.29、3.14、1.57、0.39、0.0,限定范围是 AngleExtent≥0。

MinScore:控制输入参数,模型的最小部分。默认值为 0.5,其他值还有 0.3、0.4、0.6、0.7、0.8、0.9、1.0,典型值的范围是 0≤MinScore≤1,最小增量为 0.01,建议增量为 0.05。

NumMatches:控制输入参数,模型的实例数(0 表示完全匹配)。默认值为 1,其他值还有 0、2、3、4、5、10、20。

MaxOverlap:控制输入参数,模型的最大重叠。默认值为 0.5,其他值还有 0.0、0.1、0.2、0.3、0.4、0.6、0.7、0.8、0.9、1.0,典型值范围是 0≤MaxOverlap≤1,最小增量为 0.01,建议增量为 0.05。

SubPixel:控制输入参数,如果值不是 none,则为亚像素精度。默认值是 least_squares,其他值还有 interpolation、least_squares、least_squares_high、least_squares_very_high、max_deformation 1、max_deformation 2、max_deformation 3、max_deformation 4、max_deformation 5、max_deformation 6、none。

NumLevels:控制输入参数,匹配中使用的金字塔级别数(如果 |NumLevels|=2,则使用的是最低的金字塔级别)。默认值为 0,其他值还有 1、2、3、4、5、6、7、8、9、10。

Greediness:控制输入参数,搜索启发式的"Greediness"(0:安全但缓慢;1:快速,但可能会错过匹配项)。默认值为 0.9,其他值还有 0.0、0.1、0.2、0.3、0.4、0.5、0.6、0.7、0.8、1.0,典型值范围为 0≤Greediness≤1,最小增量为 0.01,建议增量为 0.05。

Row:控制输出参数,模型的行坐标。

Column:控制控制参数,模型的列坐标。

Angle:控制输出参数,模型的旋转角度。

Score:控制输出参数,模型的匹配程度。

由于参数的调整,请读者在 Halcon 软件的程序编辑器窗口中,接着前面的程序输入"find_shape_model (Image, ModelID, 0, rad(360), 0.4, 1, 0, 'least_squares', 0, 0.7, RowCheck,

ColumnCheck, AngleCheck, Score)"; 然后单击 ▶ 图标，或者按 F5 键，或者选择菜单栏 "执行" 菜单下的 "运行" 命令。

第六，生成二维齐次矩阵。此时需使用算子 hom_mat2d_identity（HomMat2DIdentity）。其参数介绍如下。

HomMat2DIdentity：控制输出参数，即变换矩阵，用于生成与描述相同的 2D 变换的齐次变换矩阵，具体形式如下：

$$\mathrm{HomMat2DIdentity} = \begin{bmatrix} 1 & 0 & 0 \\ 0 & 1 & 0 \\ 0 & 0 & 1 \end{bmatrix}$$

由于参数的调整，请读者在 Halcon 软件的程序编辑器窗口中，接着前面的程序输入 "hom_mat2d_identity（HomMat2DIdentity）"; 然后单击 ▶ 图标，或者按 F5 键，或者选择菜单栏 "执行" 菜单下的 "运行" 命令。

第七，向齐次二维变换矩阵添加平移。此时需使用算子 hom_mat2d_translate（HomMat2D，Tx，Ty，HomMat2DTranslate），其参数介绍如下。

HomMat2D：控制输入参数，输入变换矩阵。

Tx：控制输入参数，沿 x 轴平移。默认值为 64，其他值还有 0、16、32、128、256、512、1024。

Ty：控制输入参数，沿 y 轴平移。默认值为 64，其他值还有 0、16、32、128、256、512、1024。

HomMat2DTranslate：控制输出参数，输出变换矩阵。

由于参数的调整，请读者在 Halcon 软件的程序编辑器窗口中，接着前面的程序输入 "hom_mat2d_translate（HomMat2DIdentity，RowCheck，ColumnCheck，HomMat2DTranslate）"; 然后单击 ▶ 图标，或者按 F5 键，或者选择菜单栏 "执行" 菜单下的 "运行" 命令。

第八，向齐次二维变换矩阵添加旋转。这里算子 hom_mat2d_rotate（HomMat2D，Phi，Px，Py，HomMat2DRotate），其参数介绍如下。

HomMat2D：控制输入参数，输入变换矩阵。

Phi：控制输入参数，即旋转角度。默认值为 0.78，其他值还有 0.1、0.2、0.3、0.4、1.57、3.14，Phi 的取值范围是 $0 \leqslant \mathrm{Phi} \leqslant 6.28318530718$。

Px：控制输入参数，即变换的不动点（x 坐标）。默认值为 0，其他值还有 16、32、64、128、256、512、1024。

Py：控制输入参数，即变换的不动点（y 坐标）。默认值为 0，其他值还有 16、32、64、128、256、512、1024。

HomMat2DRotate：控制输出参数，输出变换矩阵。

由于参数的调整，请读者在 Halcon 软件的程序编辑器窗口中，接着前面的程序输入 "hom_mat2d_rotate（HomMat2DTranslate，AngleCheck，RowCheck，ColumnCheck，HomMat2DRotate）"; 然后单击 ▶ 图标，或者按 F5 键，或者选择菜单栏 "执行" 菜单下的 "运行" 命令。

第九，对模板进行仿射变换。此时需使用算子 affine_trans_contour_xld（Contours，ContoursAffinTrans，HomMat2D），其参数介绍如下。

Contours：输入参数，即输入的 XLD（eXtended Line Descriptions，亚像素轮廓）。

ContoursAffinTrans：输入参数，即变换后的 XLD。

HomMat2D：输入参数，输入变换矩阵。

由于参数的调整，请读者在 Halcon 软件的程序编辑器窗口中，接着前面的程序输入 "affine_trans_contour_xld（ShapeModel，ShapeModelTrans，HomMat2DRotate）"；然后单击 ▶ 图标，或者按 F5 键，或者选择菜单栏"执行"菜单下的"运行"命令。如图 9-9 所示为仿射变换后的轮廓。

图 9-9　仿射变换后的轮廓

第十，对 OffsetRow、OffsetColumn 这两个坐标执行仿射变换。此时需使用算子 affine_trans_pixel（HomMat2D，Row，Col，RowTrans，ColTrans），其参数介绍如下。

HomMat2D：控制输入参数，即输入变换矩阵。

Row：控制输入参数，即输入像素（行坐标）。默认值为 64，其他值还有 0、16、32、128、256、512、1024。

Col：控制输入参数，即输入像素（列坐标）。默认值为 64，其他值还有 0、16、32、128、256、512、1024。

RowTrans：控制输出参数，即输出像素（行坐标）。

ColTrans：控制输出参数，即输出像素（列坐标）。

由于参数的调整，请读者在 Halcon 软件的程序编辑器窗口中，接着前面的程序输入 "affine_trans_pixel（HomMat2DRotate，OffsetRow，OffsetColumn，OutLeftRow，OutLeftColumn）；然后单击 ▶ 图标，或者按 F5 键，或者选择菜单栏"执行"菜单下的"运行"命令。

第十一，创建任意方向的矩形。此时需使用算子 gen_rectangle2（Rectangle，Row，Column，Phi，Length1，Length2），其参数介绍如下。

Rectangle：输出参数，即已创建的矩形。

Row：控制输入参数，即中心的行坐标。默认值为 300.0，其他值还有 10.0、20.0、50.0、100.0、200.0、400.0、500.0，最小增量为 1.0，建议增量为 10.0。

Column：控制输入参数，即中心的列坐标。默认值为 200.0，其他值还有 10.0、20.0、50.0、100.0、300.0、400.0、500.0，最小增量为 1.0，建议增量为 10.0。

Phi：输入控制参数，即纵轴与水平面的夹角（弧度）。默认值为 0.0，其他值还有-1.178097、-0.785398、-0.392699、0.392699、0.785398、1.178097，典型值的取值范围是-1.178097≤

Phi≤1.178097，最小增量为0.001，建议增量为0.1，限制要求为$-\frac{\pi}{2}<Phi\leq\frac{\pi}{2}$。

Length1：输入控制参数，即半宽。默认值为100.0，其他值还有3.0、5.0、10.0、15.0、20.0、50.0、200.0、300.0、500.0，最小增量为1.0，建议增量为10.0。

Length2：控制输入参数，即半高。默认值为20.0，其他值还有1.0、2.0、3.0、5.0、10.0、15.0、50.0、100.0、200.0，最小增量为1.0，建议增量为10.0。

由于参数的调整，请读者在 Halcon 软件的程序编辑器窗口中，接着前面的程序输入"gen_rectangle2（OutRectangle，OutLeftRow，OutLeftColumn，Phi+AngleCheck，Length1，Length2）"；然后单击 ▶ 图标，或者按 F5 键，或者选择菜单栏"执行"菜单下的"运行"命令。如图 9-10 所示为创建的任意方向的矩形。

图 9-10　创建的任意方向的矩形

第十二，在当前窗口中显示图像。此时需使用算子 dev_display（Image）。该算子在前面已经用过多次，这里不再赘述。

由于参数的调整，请读者在 Halcon 软件的程序编辑器窗口中，接着前面的程序输入"dev_display（Image）"；然后单击 ▶ 图标，或者按 F5 键，或者选择菜单栏"执行"菜单下的"运行"命令。如图 9-11 所示为在当前窗口中显示的图像。

职业技术学院

控制技术分院

机器人技术系

INSTITUTE OF TECHNOLOGY

20210101

图 9-11　显示图像

第十三，显示测试窗口。此时需使用算子 dev_display（Object）。该算子在前面已经用过多次，这里不再赘述。

由于参数的调整，请读者在 Halcon 软件的程序编辑器窗口中，接着前面的程序输入"dev_display（OutRectangle）"；然后单击 ▶ 图标，或者按 F5 键，或者选择菜单栏"执行"菜单下的"运行"命令。这个语句的作用就是将上面两幅图（图 9-10 和图 9-11）叠加到同一张图（见图 9-12）上。

图 9-12　追踪结果图

继续循环执行，同样会得到另外三张图片的追踪结果。

本例中，不仅能够追踪数字、字母，还可以追踪汉字，读者可以在用矩形框选择追踪对象时试试汉字追踪。

为了便于读者学习，在附录 B 中给出了本例用到的图像。另外，由于用到的参数可能与算子提供的参数存在不一致的情况，在附录 B 中也给出了本例的完整程序，感兴趣的读者可以参考调试。

单元十

视觉技术基础

一、基本概念

1. 图像及其相关概念

图像是人类视觉的基础，是自然景物的客观反映，是人类认识世界和人类本身的重要载体。"图"是物体反射光或透射光的分布，"像"是人的视觉系统所接收的图在人脑中形成的印象或认识，照片、绘画、剪贴画、地图、书法作品、传真、卫星云图、影视画面、X光片、脑电图、心电图等都是图像。

图像通过视觉系统处理后可以得到该图像某一点的坐标和像数。

图像根据记录方式的不同可分为两大类，即模拟图像和数字图像。模拟图像是通过某种物理量（如光、电等）的强弱变化来记录图像上各点的亮度信息，例如模拟电视图像。而数字图像则是用计算机存储的数据来记录图像上各点的亮度信息。

由于大多数图像是以数字形式存储的，因而图像处理很多情况下指的是数字图像处理。但是，基于光学理论的模拟图像处理方法依然占有重要的地位。图像处理是信号处理的子类，并且与计算机科学、人工智能等领域也有密切的关系。以下将对于图像相关概念进行介绍。

区域（Region）：在视觉处理中，区域中某一点的坐标是可以通过计算得到的，且区域是闭合的。

XLD（eXtended Line Descriptions）：亚像素轮廓。虽然两个像素之间存在距离且在宏观上可以看作是连在一起的，但是在微观上，像素之间还存在很多更小的"东西"，这个更小的"东西"我们称之为"亚像素"。实际上亚像素应该是存在的，只是在硬件方面缺少可以把它检测出来的传感器，于是用软件把它近似地计算出来。XLD 可以描述直线或多边形，是一组有序的控制点集合，其控制点的顺序可以用来说明像数间的连接关系。XLD 可以不闭合，如果将不闭合的 XLD 转为 Region，然后再转回 XLD，那么转换后的 XLD 和原先的XLD 就有了一定的区别。

ROI（Region of Interest）：感兴趣区域。在机器视觉、图像处理中，对被处理的图像用方框、圆、椭圆、不规则多边形等图形勾勒出来的需要处理的区域称为感兴趣区域。

MLP（Multilayer Perceptron）：多层感知机。多层感知机由感知机推广而来，最明显的特点是有多个神经元层，因此也叫深度神经网络（DNN，Deep Neural Networks）。

OCR（Optical Character Recognition）：光学字符识别。1929 年，德国的科学家 Tausheck 首先提出了 OCR 的概念，并且申请了专利。几年后，美国科学家 Handel 也提出了利用技术对文字进行识别的想法，但这种想法直到计算机的诞生才变成了现实。现在这一概念已经可以由计算机来实现，OCR 的概念就演变成为利用光学技术对文字和字符进行扫描识别并转化成计算机内码。

2. 反选

取反在计算机中是最常用的一种计算方法，类似地，在图像处理中，反选用得也比较多。

反选的实现过程为：打开 Halcon 软件，在程序编辑器窗口中输入算子 dev_open_window（0，0，512，512，'black'，WindowHandle）。

算子 dev_open_window（Row，Column，Width，Height，Background，WindowHandle）的作用是：打开一个新的图形窗口。它可以用来显示图像、区域和行等图表对象，也可以执行文本输出。执行该算子后一个新的图形窗口将被激活，这意味着所有输出都将定向到此窗口。

在该算子中，Row 是控制输入参数，表示左上角的行坐标，默认值为 0，取值范围是 Row≥0，最小增量为 1；Column 是控制输入参数，表示左上角的列坐标，默认值为 0，取值范围是 Column≥0，最小增量为 1；Width 是控制输入参数，表示窗口的宽度，默认值为 256，取值范围是 Width≥0，最小增量为 1；Height 是控制输入参数，表示窗口的高度，默认值为 256，取值范围是 Height≥0，最小增量为 1；Background 是控制输入参数，表示新窗口的背景颜色，默认值为"黑色"；WindowHandle 是控制输出参数，表示窗口标识符（类似于身份证号、账号、唯一编码、专属号码之类的号码，由读者自行标注）。

若要关闭窗口，可以通过调用算子 dev_close_window 或者单击窗口右上角的关闭按钮来实现。

图形窗口的原点在左上角，其坐标为（0，0）。x 值（列）从左到右递增，y 值（行）从上到下递增。默认情况下，坐标系的设置方式是图像显示，并不需要剪切和完全贴合到图形窗口中。根据这样的规则，对于程序重置或加载新程序后显示的第一个图像，如果当前图像的大小与之前显示的图像大小不同，坐标系仍会以窗口大小的形式出现。窗口的大小不能自动调整，因此，如果图像的长宽比与窗口的长宽比不同，图像大小就会被改变以适应窗口。

对于图像的大小，可以通过旋转鼠标滚轮、使用移动或缩放模式、设置可视化参数对话框上的缩放选项卡或使用算子 dev_set_part 等进行更改。

二、图像采集

1. 相机采集

① 先安装好相机，再安装相机对应的驱动程序。

单击 Halcon 菜单栏中的"助手（A）"菜单，选择"Image Acquisition 01"命令，即会出现如图 10-1 所示的图像获取窗口。

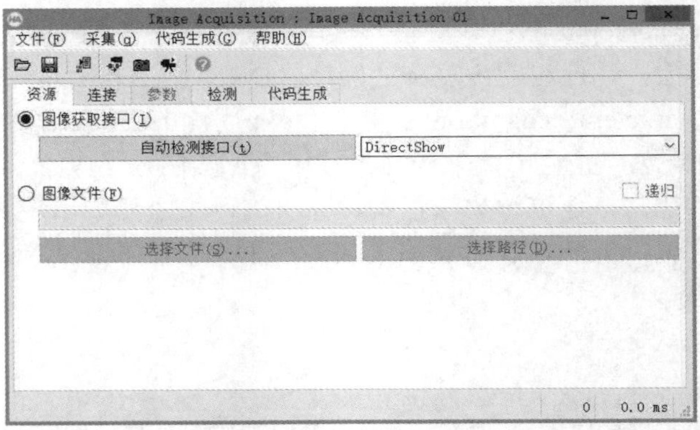

图 10-1　图像获取窗口

② 单击选中"图像获取接口（I）"单选按钮，再单击其下的"自动检测接口（t）"按钮。则在"自动检测接口（t）"按钮的右边列表框中会出现已安装驱动程序的相机名称。如果计算机中安装了多个相机及其驱动程序，可在下拉列表中选择想要的相机。

③ 单击图像获取窗口菜单栏中的"采集（q）"菜单，选择"实时（V）"命令。这样在Halcon 的图形窗口中就能看到相机实时采集到的图像了。

④ 单击图像获取窗口菜单栏中的"代码生成（G）"菜单，选择"插入代码（I）"命令，就会出现如图 10-2 所示的代码。

图 10-2　插入代码

这样，程序每循环一次，就会实时取样一张图片。当然，读者也可以单击图像获取窗口菜单栏中的"采集（q）"菜单，选择"采集（S）"命令，则可手动取样一张图片。

2. 工件的识别与定位

这里以计算瓶盖的面积并确定瓶盖中心的位置为例，介绍工件的识别与定位。

工件的识别流程如图 10-3 所示。

图 10-3 工件的识别流程

（1）打开图片

打开图片的详细过程可参考前文介绍的读取图像。本例中，为了方便读者参照例子进行学习，选用了 Halcon 自带的图片，位置为 C:/Users/Public/Documents/MVTec/HALCON-12.0/examples/images/brake_disk/brake_disk_bike_01.png。如果读者想要使用自己的图片当然也可以，不过在处理过程中，有些参数可能会发生变化，步骤也可能不同。如图 10-4 所示为打开的计算机中的图片。

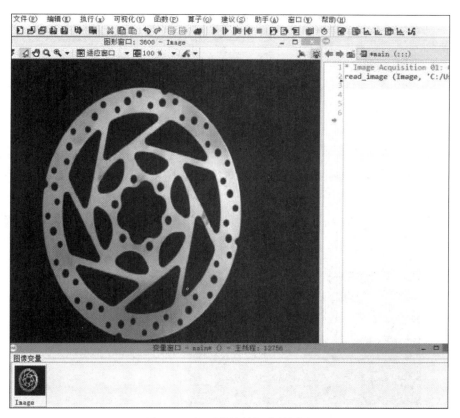

图 10-4 打开的计算机中的图片

（2）转成灰度图像

转成灰度图像的详细过程也可参考前文的内容。至于为什么要将彩色图像转换成灰度图像？主要是因为彩色图像比较复杂，灰度图像相对来说比较容易处理。所以，将彩色图像转换成灰度图像就成了图像处理过程中不可缺少的步骤。如图 10-5 所示为转换后的灰度图像，与图 10-4 所示图像的区别是变量窗口中多了一幅灰度图像。

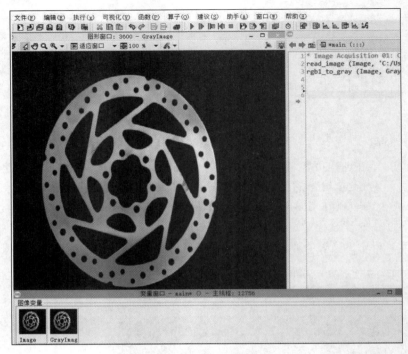

图 10-5　转成后的灰度图像

（3）阈值

具体是如何实现阈值算子功能，请读者参考前文的内容。阈值设置的主要目的是选取整幅图像中有用的部分，筛掉没用的部分。所以，阈值设置就成了图像处理过程中不可缺少的步骤。希望读者多练习阈值设置的处理方法。当然，阈值的具体设置还应考虑图像、相机和光源的情况。这是一个相互关联的步骤，阈值设置后的结果如图 10-6 所示。

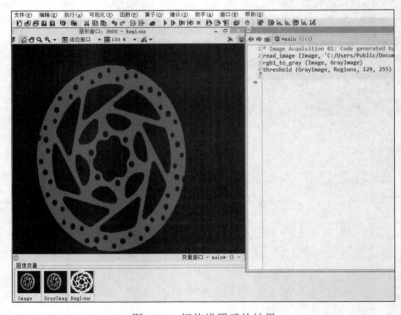

图 10-6　阈值设置后的结果

（4）连通域

具体是如何实现连通域算子的功能，请读者参考前文的内容。连通域的主要功能是在阈值的基础上，将属于同一类型的不同区域处理成为一个整体的区域。处理后的图像与前面阈值设置后的图像的区别在于图像变量的不同，如图 10-7 所示。

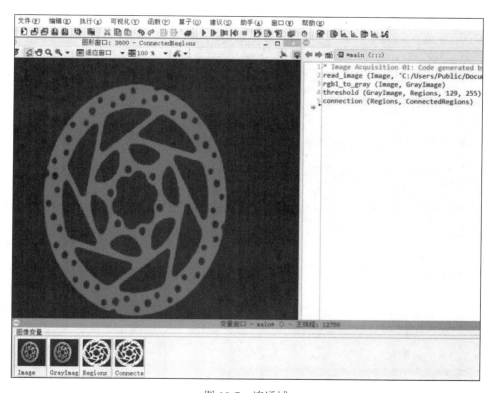

图 10-7　连通域

（5）填补区域的孔洞

输入算子 fill_up（ConnectedRegions, RegionFillUp）。

算子的名称为：填补区域的孔洞。

算子 fill_up（Region，RegionFillUp）在程序中的表现形式为 fill_up（ConnectedRegions，RegionFillUp）。该算子中只有两个参数，分别为图像输入参数 ConnectedRegions 和图像输出参数 RegionFillUp。

算子功能描述：填充区域中的孔洞，区域数目保持不变。

该算子的主要作用是为计算目标区域的面积和中心坐标做准备。如图 10-8 所示为填补孔洞的结果。

（6）形状选择

具体是如何实现连通域算子的功能，请读者参考前文的内容。形状选择主要是利用特征直方图功能，进一步除去目标区域的杂质，选择理想的区域。如图 10-9 所示为形状选择的结果，与填补区域的孔洞的主要区别在于图像变量窗口的不同。

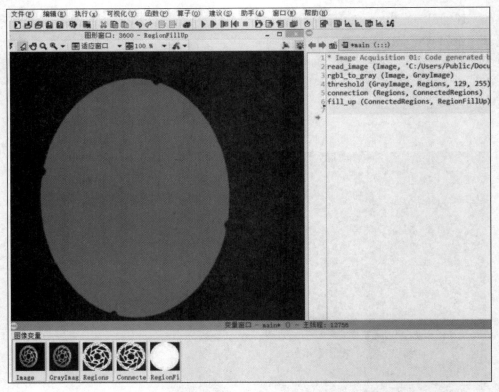

图 10-8　填补孔洞的结果

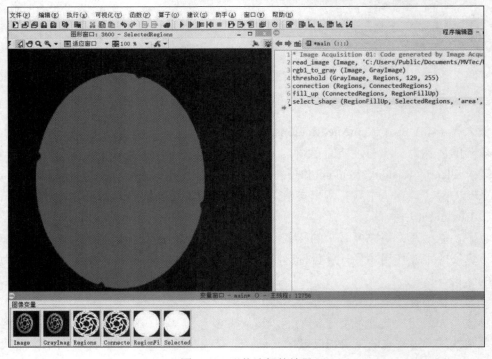

图 10-9　形状选择的结果

（7）计算面积及中心坐标

输入算子 area_center（SelectedRegions，Area，Row，Column）。

算子的名称为：计算区域的面积和中心坐标。

算子 area_center（Regions，Area，Row，Column）在程序中的表现形式为 area_center（SelectedRegions，Area，Row，Column）。其包含四个参数，分别为图像输入参数 Regions（要检查的区域）、控制输出参数 Area（区域面积）、控制输出参数 Row（中心行坐标）和控制输出参数 Column（中心列坐标）。

算子功能描述：计算输入区域的面积和中心坐标。区域定义为区域的像素数，中心是所有像素点行坐标和列坐标的平均值。

如果计算了多个区域的面积及中心坐标，则应将结果存储在数组中，值的索引对应于输入区域的索引。

执行完该算子，Halcon 软件的相应窗口与形状选择没有区别，要想显示计算出来的面积和中心坐标还要输入显示数值算子。

（8）显示数值

具体是如何实现显示数值算子的功能，请读者参考前文的内容。

本例中的显示算子共有 3 个参数，为了区分这 3 个参数，分别在这 3 个参数前注释了中文名称，如图 10-10 所示。

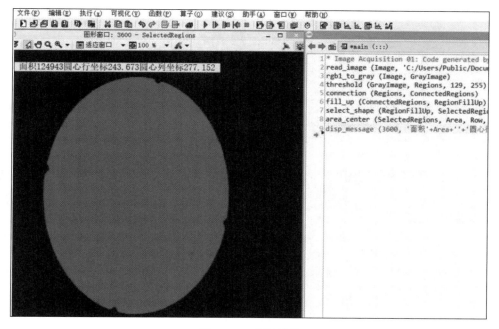

图 10-10　显示数值

为了便于读者整体学习本例，下面给出了完整的 Halcon 子程序。

```
* Image Acquisition 01: Code generated by Image Acquisition 01
read_image (Image, 'C:/Users/Public/Documents/MVTec/HALCON-
12.0/examples/images/brake_disk/brake_disk_bike_01.png')
rgb1_to_gray (Image, GrayImage)
```

```
threshold (GrayImage, Regions, 129, 255)
connection (Regions, ConnectedRegions)
fill_up (ConnectedRegions, RegionFillUp)
select_shape (RegionFillUp, SelectedRegions, 'area', 'and', 121809, 129965)
area_center (SelectedRegions, Area, Row, Column)
disp_message (3600, '面积'+Area+''+'圆心行坐标'+Row+''+'圆心列坐标'+Column,
'image', 20, 12, 'black', 'true')
```

三、图像形态学

1. 膨胀

膨胀就是对边界点进行扩充，填充空洞，使边界向外部扩张的过程。膨胀是一个算法，根据需要可以定义膨胀及膨胀的程度。图 10-11 中的一个方格代表一个像素，现在要膨胀黑色部分。

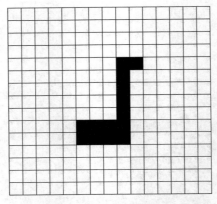

图 10-11　膨胀前的图像

如图 10-12 所示为结构图形，将结构图形在膨胀前的图像中水平和垂直移动，只要结构图形的白色部分与膨胀前的黑色部分相重合，那么，结构图形中的黑色部分就要添加到膨胀前图像的白色方格中。

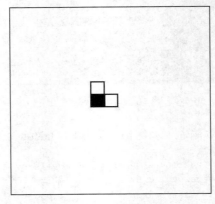

图 10-12　结构图形

膨胀后的图像如图 10-13 所示。以示区别，膨胀后的像素使用其他颜色显示。

注意，新增加的红色不能按照上面的方式膨胀，如果要把红色计算在内，就必须再进行一次膨胀。

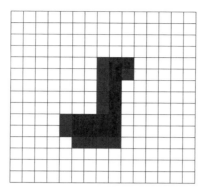

图 10-13　膨胀后的图像

2. 腐蚀

腐蚀就是消除物体的边界点，使边界向内部收缩的过程，即把小于结构元素的物体去掉。容易想到的是，腐蚀和膨胀是互为相反的过程，但是如果以相反的过程腐蚀上面膨胀后的图形并不能得到膨胀前的图形。

让结构图形在膨胀后的图像中移动，当结构图形与膨胀后的图像相交时，只有结构图形的三个元素与膨胀后的图像都重合时，结构图形中的黑色部分才保留；否则，结构图形中黑色部分下面像素的颜色要去掉，如图 10-14 所示。

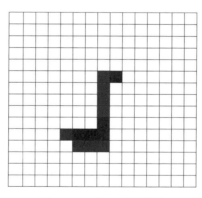

图 10-14　腐蚀后的图像

3. 开运算

开运算就是先腐蚀后膨胀的过程。其作用是去除孤立的小点、毛刺，消除小物体、平滑较大物体的边界，同时不改变其面积。

4. 闭运算

闭运算就是先膨胀后腐蚀的过程。其作用是填充物体内细小的空洞，连接邻近物体、平滑边界，同时不改变其面积。

四、数字图像的色彩

1. 彩色模型

彩色模型也称为彩色空间或彩色系统，其目的是基于某些标准以通常可以接受的方式对色彩加以说明。本质上，彩色模型是坐标系统和子空间的说明。其中，位于系统中的每种颜色都由单个点来表示。

现在所用的彩色模型要么面向硬件，例如彩色监视器和彩色打印机；要么面向应用，例如对彩色图像创作。

在数字图像处理的过程中，面向硬件的模型是 RGB（Red Green Blue）模型，该模型用于彩色监视器、彩色电视及彩色摄像机，CMY（Cyan Magenta Yellow）模型是用于彩色打印机的。HSB（Hue Saturation Brightness）模型比较符合人对颜色的描述和解释，其优点是可以解除图像中颜色和灰度信息的联系，使其更适合灰度处理。

2. RGB 模型

在 RGB 模型中，每种颜色会出现在红、绿、蓝的元色谱分量中，该模型是基于笛卡儿坐标系的。图 10-15 所示是 RGB 模型的颜色空间。图中，RGB 的三个元色位于三个角上，二次色青色、品红和黄色位于另外三个角上，黑色位于原点，白色位于离原点最远的角上。在该模型中，灰度（RGB 值相等的点）沿着黑色延伸到白色。

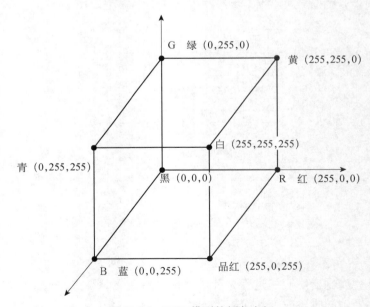

图 10-15　RGB 模型的颜色空间

在 RGB 模型中，用于表示每个像素的比特数称为像素深度。例如，一幅彩色图像的每个像素用 R、G、B 三个分量来表示，每个分量是 8 位，那么一个像素就用 24 位表示，即这个像素的深度是 24。

在该模式下，每个图像都有 R、G、B 三个值，并且每个值都可以从 0～255 中选取。

该颜色模式符合色光加色法原理，其值越大亮度越高，即 RGB 值越大，颜色越亮。R、G、B 三个值都为 255 时是白色，都为 0 时是黑色。

RGB 模型中的每个值都有 256 种可能，所以该模式下表示的颜色有 $256 \times 256 \times 256 = 2^{24}$ 种，即 16777216 种颜色。RGB 模式下的图像称为真彩色图像。

3. HSB 模型

HSB（H 表示色相；S 表示饱和度；B 表示明亮度）是根据人体视觉原理而开发的一套色彩模式，是最接近人类大脑对色彩辨认的模式，是许多从事传统技术工作的画家或设计者习惯使用的模式。

色相就是纯色，即组成可见光谱的单色，R 为 0°（360°），Y 为 60°，G 为 120°，C 为 180°，B 为 240°，M 为 300°。如图 10-16 所示为色相图。

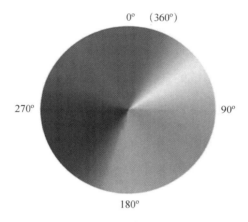

图 10-16　色相图

饱和度代表色彩的纯度，0 时为灰色。白、黑、灰色都没有饱和度。最大饱和度时每一色相的色光最纯。在 Photoshop 中，饱和度 S 最大取值为 100。饱和度图如图 10-17 所示。

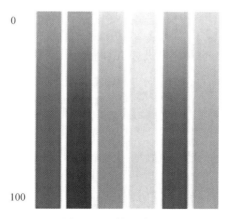

图 10-17　饱和度图

亮度是指色彩的明亮程度。亮度为 0%时为黑色，最大亮度是色彩最鲜艳的状态，取值范围为 0%～100%。亮度图如图 10-18 所示。

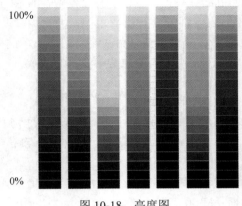

图 10-18 亮度图

五、机器视觉的相关知识

1. 一个完整的机器视觉系统的主要工作过程

① 工件定位检测器探测到工件已经运动至接近摄像系统的视野中心，向图像采集部分发送触发脉冲。

② 图像采集部分按照事先设定的程序和延时，分别向摄像机和照明系统发出启动脉冲。

③ 摄像机停止目前的扫描，重新开始新一帧的扫描，或者摄像机在启动脉冲到来之前处于等待状态，启动脉冲到来后启动一帧扫描。

④ 摄像机开始新一帧的扫描之前需打开曝光机构，事先设定曝光时间。

⑤ 另一个启动脉冲打开灯光进行照明，灯光的开启时间应该与摄像机的曝光时间相匹配。

⑥ 摄像机曝光后，正式开始一帧图像的扫描和输出。

⑦ 图像采集部分接收模拟视频信号后通过 A/D 转换电路将其数字化，或者是直接接收摄像机数字化后的数字视频信号。

⑧ 图像采集部分将数字图像存放在处理器或计算机的内存中。

⑨ 处理器对图像进行处理、分析、识别，获得测量结果或逻辑控制值。

⑩ 处理结果控制流水线的动作，例如进行定位、纠正运动的误差等。

2. 机器视觉的优点

① 是非接触测量，对于观测者与被观测者都不会产生任何损伤，从而提高系统的可靠性。

② 具有较宽的光谱响应范围。例如使用人眼看不见的红外线进行测量，扩展了人眼的视觉范围。

③ 可长时间稳定地工作。人类难以长时间对同一对象进行观测，而机器视觉则可以长时间地处理测量、分析和识别任务。

当今，机器视觉系统的应用领域越来越广泛，其在工业、农业、国防、交通、医疗、金融甚至体育、娱乐等行业都获得了广泛的应用，可以说已经渗入到我们的生活、生产和工作的方方面面。

3. 机器人视觉与计算机视觉

机器人视觉广义上称为机器视觉，其基本原理与计算机视觉类似。机器人视觉可以通过视觉传感器获取环境的二维图像，并通过视觉处理器进行分析和解释，进而转换为符号，让机器人能够辨识物体，并确定其位置。

计算机视觉研究的是视觉感知的通用理论，其主要是研究视觉过程的分层信息表示和视觉处理各功能模块的计算方法。而机器视觉则侧重于研究以应用为背景的专用视觉系统，只提供对执行与某一特定任务相关的景物进行描述。

六、HDevelop 简介

HDevelop 是处理视觉算法的一个工具，类似于 VB、VC、Delphi 等编译环境。在这种交互式环境中，可以编译和测试视觉算法，可以显示处理结果，可以导出算法代码，可以开发算子、研究算子、进行教学演示等。

HDevelop 能够直接连接采集卡或相机，能够从采集卡、相机或者文件中载入图像，并从载入的图像中检查图像数据，进行可行性研究。

HDevelop 支持所有的 Halcon 算子，因此可以方便查看可视数据，方便选择、调试和编辑参数。此外，在 HDevelop 中可以编写完整的程序，也可以导入 C、C++、C#、V B、VB.net 等程序。

七、常用文档

1. Halcon Installation Guide

该文档说明了几种不同的安装授权方式、升级和卸载方法。

2. HDevelop User's Manual

该文档介绍了 HDevelop 的设计环境、图形界面、编写程序使用的语法，以及输出其他语言等内容。

3. Halcon Programmer's Guide

如果读者想要在 C++或 VB 等环境中使用 Halcon，请参考该文档，其主要介绍了相关的界面、资料类型及类别等。

4. Extension Package Programmer's Manual

该文档介绍了如何将自行设计的程序并加入 Halcon 中。

5. Frame Grabber Integration Programmer's Manual

如果 Halcon 暂不支持读者使用的相机，该文档介绍了如何开发与相机连接的方法。

6. Application Guide

该文档包括以下五部分内容。

① Application Note on Shape-Base Matching 部分，主要介绍如何使用 Halcon 的 Shape-Base Matching 来寻找物体及其利用次像元进行精度定位的方法。

② Application Note on 3D Matching Vision 部分，主要介绍 3D Matching Vision 的原理与方法。

③ Application Note on Image Acquisition 部分，主要介绍取像界面的基本功能及其设定方法、各种计时模式等。

④ Reference Manuals 部分，主要介绍 Halcon 的所有算子针对 C、C++、COM 等语言的转换方法。

⑤ Example Programs 部分，主要介绍 Halcon 中提供的例子，这些例子能够在 HDevelop 中运行。

该文档也提供了在 VC 或 VB 中运行的例子。

单元十一

机器视觉技能实训

一、项目说明

本单元引用的项目是"1+X"职业技能等级证书工业机器人应用编程项目中的机器视觉部分。

如图 11-1 所示为电动机组成部件。左上角的部件是电动机外壳，右上角的部件是电动机转子，左下角的部件是减速器，右下角的部件是法兰。

图 11-1　电动机组成部件

项目中用到的视觉处理对象为法兰。法兰正面上的两个长条状凹槽是视觉识别的对象。法兰侧面的两只耳朵要对准电动机外壳的两个缺口，然后顺时针或者逆时针旋转 90°，起到固定的作用。

二、项目的工作流程

第一，法兰通过传输带运送到某一位置（长条状凹槽方向不定），如图 11-2 所示。

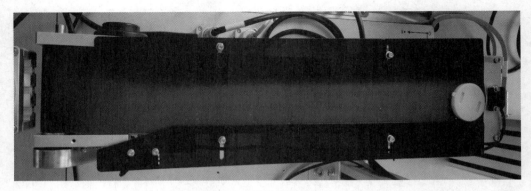

图 11-2　传输带运送法兰

第二，机器视觉识别法兰的方向，如图 11-3 所示。机器视觉识别法兰的方向时使用的是 Cognex 公司的一款名叫 In-Sight 的软件，该软件可以显示相机拍摄的图像。单元十二会详细地介绍相机拍摄图像后如何通过 In-Sight 软件进行处理。

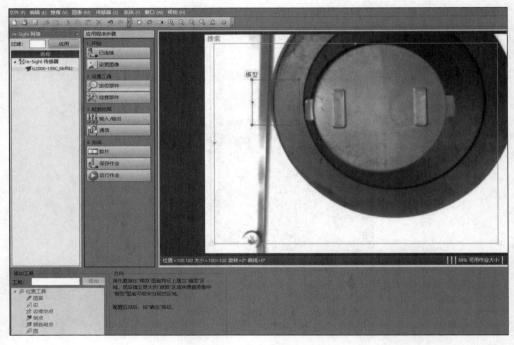

图 11-3　机器视觉识图

第三，利用 In-Sight 软件对图像进行处理后，即可得到法兰的角度。如图 11-4 所示，图像中还输出了法兰的位置信息和图像的拍摄效果。

第四，将法兰的角度信息送传给"1+X"职业等级技能证书工业机器人应用编程项目专用机器人（ABB120）。

第五，机器人接收到相机发送的信息后，用吸盘工具吸取法兰，反方向旋转第三步中获得的角度，然后将法兰送到电动机外壳上方进行安装。

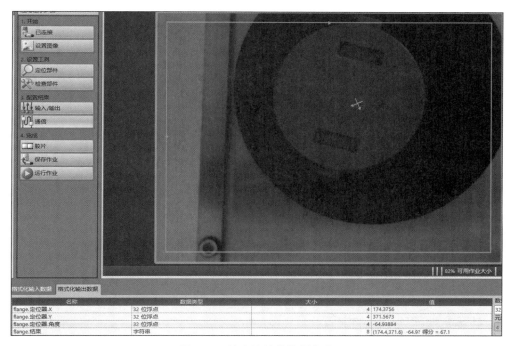

名称	数据类型	大小		值		数
flange.定位器.X	32 位浮点	4	174.3756			32
flange.定位器.Y	32 位浮点	4	371.5673			元
flange.定位器.角度	32 位浮点	4	-64.93884			4
flange.结果	字符串	8	(174.4,371.6) -64.9? 得分 = 67.1			

图 11-4　输出法兰的位置信息

单元十二

In-Sight 软件视觉处理过程

一、网络地址配置

1. 计算机端网络地址的配置

这里以 Win10 操作系统为例介绍 In-Sight 软件视觉处理过程中计算机端网络地址的配置。单击计算机界面右下角的网络图标，选择"网络和 Internet"，单击"网络和共享中心"，选择"更改适配器设置"，右击"以太网"，在快捷菜单中选择"属性"命令，打开"Internet 以太网属性"对话框；勾选"Internet 协议版本 4（TCP/IPv4）"复选框（见图 12-1），单击"属性"按钮，打开"Internet 协议版本 4（TCP/IPv4）属性"对话框，选中"使用下面的 IP 地址（S）"单选按钮，在"IP 地址（I）"文框内输入 192.168.101.88，在"子网掩码（U）"文框内输入 255.255.255.0，最后选中"使用下面的 DNS 服务器地址（E）"单选按钮。

图 12-1　计算机端网络地址的设置

读者也可以根据需要配置其他的网络地址。应注意的是，相机、计算机及机器人的网络地址（前三部分）必须相同，主机地址（第四部分）必须不同，否则无法进行通信。

2. In-Sight 端网络地址的配置

第一，打开 In-Sight 软件，单击菜单栏中的"系统"菜单。

第二，选择"将传感器/设备添加到网络"命令，打开"将传感器/设备添加到网络"对话框。

第三，选中"使用下列网络设置（U）"单选按钮，在"IP 地址："右侧文本框中输入192.168.101.50，在"子网掩码：（S）"右侧文本框中输入 255.255.255.0，如图 12-2 所示。

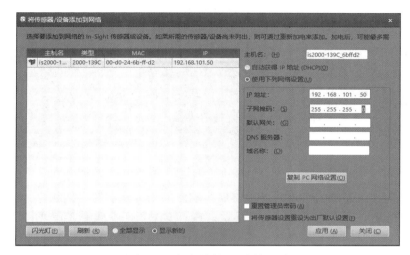

图 12-2　相机端的 IP 地址设置

第四，单击"应用"按钮，使相机 IP 地址设置生效。

二、In-Sight 设置

第一，在 In-Sight 界面中单击菜单栏中的"查看"菜单，选择"In-Sight 网络"命令，如图 12-3 所示。

第二，因缩写选用是 Cognex 的一款相机，所以在界面左侧选择"In-Sight_is2000-139C_6bffd2"，如图 12-4 所示。如果读者使用其他型号的相机，在选择时可能有所不同。

图 12-3　选择"In-Sight 网络"命令

图 12-4　In-Sight 传感器选择

第三，选择好视觉传感器后，单击界面左侧的"已连接"按钮，即会出现如图 12-5 所示的界面，用于检查已连接的信息。

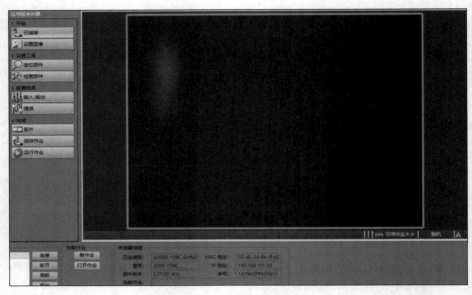

图 12-5　检查已连接的信息

第四，检查过已连接的信息后，单击界面左侧的"设置图像"按钮。

第五，单击界面下方的"触发器"标签，在"类型"列表框中选择"工业以太网"，如图 12-6 所示。

图 12-6　触发方式选择

第五，单击界面左上方的"灯光"标签，单击"计算"按钮，软件会根据实际环境自动计算"曝光（毫秒）"，不需要人工设置参数就能拍摄比较清晰的图像，如图 12-7 所示。

图 12-7　灯光参数的设置

第六，单击界面上方的"实时"图标 ，如图 12-8 所示。启动实时功能的主要目的是方便后面的焦距调节；否则，拍摄一张图像时需要调试一次焦距，经过多次调试才能获得清楚的图像，这样会很烦琐。

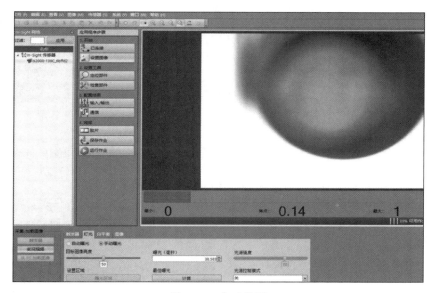

图 12-8　实时拍摄

第七，调焦方法。如图 12-9 所示，用一字型螺丝刀旋动相机上面的旋钮，直到图像满足处理要求为止。

图 12-9　实时调试焦距

第八，单击界面左侧的"定位部件"按钮，获取较为清晰的图像，如图 12-10 所示。

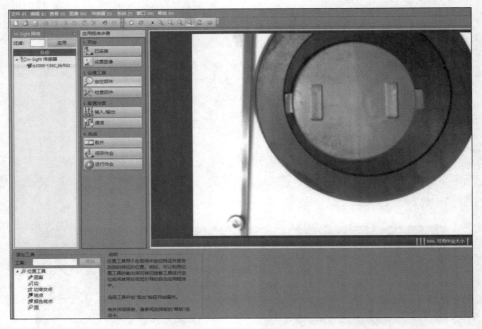

图 12-10　定位部件

第九，在界面下方的"添加工具"栏选择"图案"，并将右侧显示图像的名称"图案_1"修改为"flange"，如图 12-11 所示。

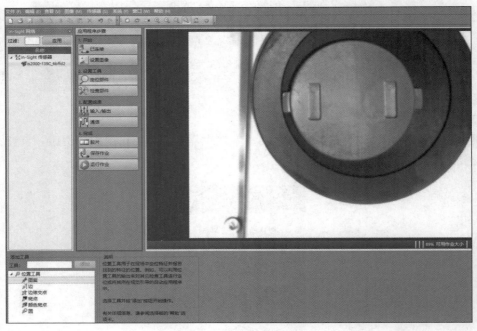

（a）选择"图案"

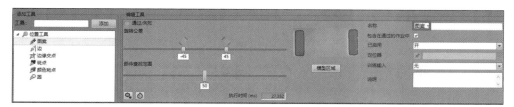

（b）修改名称前

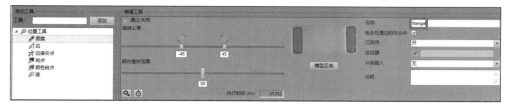

（c）修改名称后

图 12-11　选择及修改图像名称

第十，单击"添加"按钮，选择"模型"，如图 12-12 所示。

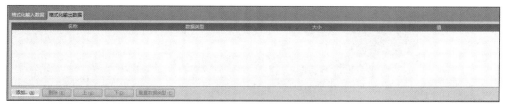

（a）单击"添加"按钮

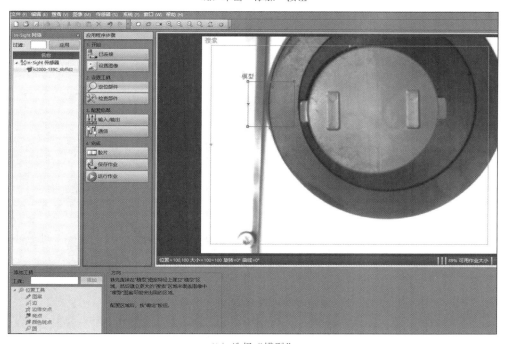

（b）选择"模型"

图 12-12　添加模型

151

第十一，用模型框框住两个长条形的凹槽，单击"训练"按钮得到模型区域，如图 12-13 所示。

（a）单击"训练"按钮

（b）模型区域

图 12-13　获得模型区域

第十二，在界面的左侧单击"通信"按钮，接着单击"添加设备"按钮，如图 12-14 所示。

图 12-14　添加设备

第十三，在界面的下方"设备设置"栏，在"设备"列表框中选择"PLC/Motion 控制器"，如图 12-15 所示。

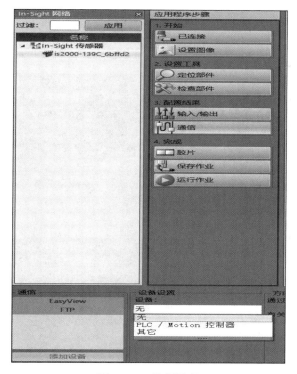

图 12-15　选择设备

第十四，在"制造商"列表框中选择"Siemens"，在"协议"列表框中选择"PROFINET"，如图 12-16 所示。读者如果使用不同的制造商或不同的协议，在选择时请注意与此处的区别。

图 12-16　设备设置（制造商和协议）

第十五，在界面的下方，单击"格式化输出数据"标签，选择"flange"，添加所需选项，即选择图像处理后的结果，如图 12-17 所示。这里选择训练对象的 X、Y 坐标，角度和结果。

（a）单击"格式化输出数据"标签

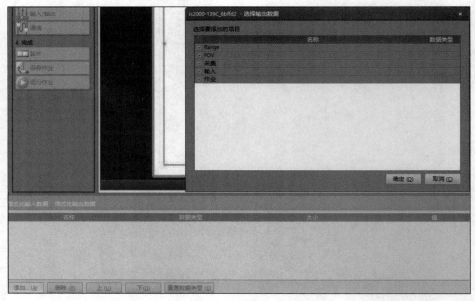

（b）选择"flange"

（c）选择输出数据

图 12-17　图像处理结果的选择

十六，输出上一步设置的结果，如图 12-18 所示。

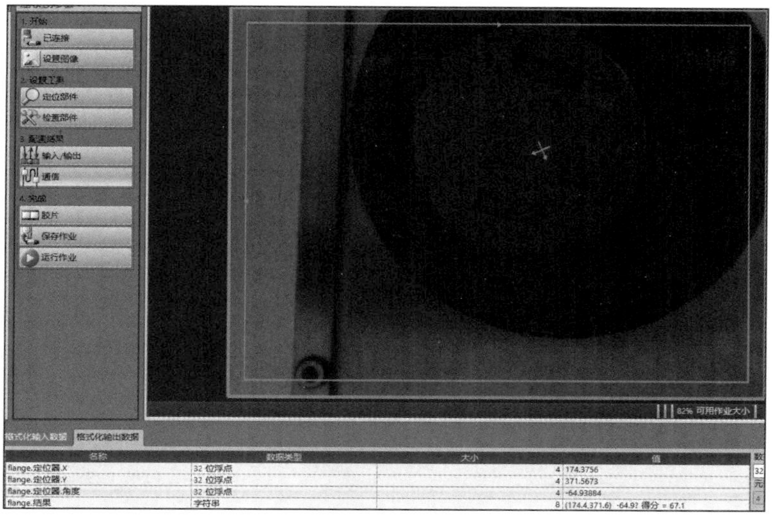

图 12-18　图像处理结果输出

最后，还要保存训练后的图像，这样当再次改变法兰的方向时，软件会被已设定的"工业以太网"触发，自动拍照，并与训练的图像对比，得出角度，然后提供给机器人使用。

三、ABB 机器人接收信息

ABB 机器人接收信息所用到的程序及说明见表 12-1。可以将程序接收到的信息与对应程序直接输入到 ABB 机器人的示教器中。

表 12-1　ABB 机器人接收信息所用到的程序及说明

PROC main()	含　义
SocKetClose ComSocket;	关闭 Socket 套接字 ComSocket
WaitTime 1;	等待 1 秒
SocketConnect ComSocket;	创建 Socket 套接字 ComSocket
SocKetCreate ComSocket,"192.168.101.50",3010;	建立 Socket 连接，设置 IP 地址，端口为 3010
SocKetReceive ComSocket\Str:=strRec;	接收相机数据，保存在 string 型变量 strRec 中
SocketSend ComSocket\Str:="admin\0D\0A;	发送"admin"给相机，\0D\0A 代表回车换行
SocKetReceive ComSocket\Str:=strRec;	接收相机返回数据
SocketSend ComSocket\Str:="GVFlange.Fixture.Angle\0D\0A;	发送给相机，获取工件旋转角度
SocKetReceive ComSocket\Str:=strRec;	接收相机返回数据
strRec:=strPart(strRec,4,StrLen(strRec)-5);	分割字符，提取角度部分，并存入 strRec 中
ok:-strToVal(strRec,Rotation);	将字符转换成十进制数，并保存在 Rotation 中
SocKetClose ComSocket;	关闭 Socket 套接字 ComSocket
ENDPROC	程序结束

四、ABB 机器人处理信息

ABB 机器人处理信息就是将法兰的旋转角度与训练角度的差值读出，然后通过吸盘吸起法兰，最后旋转差值对应的角度。这里将差值赋值给变量 Rotation，即在 ABB 机器人的示教器中输入下面的语句来实现旋转。

```
MoveL RelTool(pianyi,0,0,0\Rz:=Rotation),v200,fine,tool0;
```

附录 A

汉字处理

1. 汉字处理图像

2. 汉字处理程序

```
* Image Acquisition 01: Code generated by Image Acquisition 01
read_image (Image, 'G:/HALCON/word.jpg')
rgb1_to_gray (Image, GrayImage)
threshold (GrayImage, Regions, 54, 255)
dilation_rectangle1 (Regions, RegionDilation, 5, 5)
connection (RegionDilation, ConnectedRegions)
sort_region (ConnectedRegions, SortedRegions, 'first_point', 'true', 'column')
count_obj (SortedRegions, Number)
for i := 1 to Number by 1
    select_obj (SortedRegions, ObjectSelected, i)
endfor
word := ['苏','新','甘','藏','桂','港','冀','豫']
TrainFile := 'G://HALCON/word.trf'
for i := 1 to Number by 1
    select_obj (SortedRegions, ObjectSelected, i)
    append_ocr_trainf (ObjectSelected, GrayImage, word[i-1], TrainFile)
endfor
FontFile := 'G://HALCON/word.omc'
read_ocr_trainf_names (TrainFile, CharacterNames, CharacterCount)
create_ocr_class_mlp (8, 10, 'constant', 'default', CharacterNames, 80, 'none', 10, 42,
OCRHandle)
trainf_ocr_class_mlp (OCRHandle, TrainFile, 200, 1, 0.01, Error, ErrorLog)
write_ocr_class_mlp (OCRHandle, FontFile)
clear_ocr_class_mlp (OCRHandle)
read_ocr_class_mlp ('G://HALCON/word.omc', OCRHandle1)
do_ocr_multi_class_mlp (SortedRegions, GrayImage, OCRHandle1, Class, Confidence)
disp_message (3600, Class, 'window', 0, 0, 'black', 'true')
```

附录 B

追踪物体移动

1. 追踪物体移动所用图像

職業技術學院

控制技术分院

机器人技术系

INSTITUTE OF TECHNOLOGY

20210101

附录 B 图

2. 追踪物体移动的完整程序

```
read_image (Image, 'G:/1.jpg')
get_image_size (Image, Width, Height)
dev_open_window (0, 0, Width, Height, 'black', WindowHandle)
dev_display (Image)
dev_set_draw ('margin')
draw_rectangle2 (WindowHandle, Row, Column, Phi, Length1, Length2)
gen_rectangle2 (Rectangle, Row, Column, Phi, Length1, Length2)
reduce_domain (Image, Rectangle, ImageReduced)
create_shape_model (ImageReduced, 'auto', 0, rad(360), 'auto', 'none', 'use_polarity',
30, 10, ModelID)
find_shape_model (Image, ModelID, 0, rad(360), 0.4, 1, 0,
'least_squares', 0, 0.7, ModelRow, ModelColumn, ModelAngle, ModelScore)
get_shape_model_contours (ShapeModel, ModelID,1)
dev_display (Image)
OffsetRow:=Row-ModelRow
OffsetColumn:=Column-ModelColumn
gen_rectangle2 (Rectangle, ModelRow+OffsetRow, ModelColumn+OffsetColumn, Phi,Length1,
Length2)
ImageFiles := []
ImageFiles[0] := 'G:/1.jpg'
ImageFiles[1] := 'G:/2.jpg'
ImageFiles[2] := 'G:/3.jpg'
ImageFiles[3] := 'G:/4.jpg'
for Index := 0 to |ImageFiles| - 1 by 1
        read_image (Image, ImageFiles[Index])
        dev_display (Image)
        RowCheck:=0
        ColumnCheck:=0
        AngleCheck:=0
        Score:=0
        find_shape_model (Image, ModelID, 0, rad(360), 0.4, 1, 0, 'least_squares',
0, 0.7, RowCheck, ColumnCheck, AngleCheck, Score)
        hom_mat2d_identity (HomMat2DIdentity)
        hom_mat2d_translate (HomMat2DIdentity, RowCheck, ColumnCheck, HomMat2DTranslate)
        hom_mat2d_rotate (HomMat2DTranslate, AngleCheck, RowCheck, ColumnCheck,
HomMat2DRotate)
        affine_trans_contour_xld (ShapeModel, ShapeModelTrans, HomMat2DRotate)
        affine_trans_pixel (HomMat2DRotate, OffsetRow, OffsetColumn, OutLeftRow,
OutLeftColumn)
        gen_rectangle2 (OutRectangle, OutLeftRow, OutLeftColumn, Phi+AngleCheck,
Length1, Length2)
        dev_display (Image)
        dev_display (OutRectangle)
        *stop()
endfor
```

附录 C

ABB 接收图像信息

```
PROC main()
SocKetClose ComSocket;
WaitTime 1;
SocketConnect ComSocket；
SocKetCreate ComSocket,"192.168.101.50",3010;
SocKetReceive ComSocket\Str:=strRec;
SocketSend ComSocket\Str:="admin\0D\0A;
SocKetReceive ComSocket\Str:=strRec;
SocketSend ComSocket\Str:="GVFlange.Fixture.Angle\0D\0A;
SocKetReceive ComSocket\Str:=strRec;
strRec:=strPart(strRec,4,StrLen(strRec)-5);
ok:-strToVal(strRec,Rotation);
SocKetClose ComSocket;
ENDPROC
```

附录 D

Halcon 简易查询助手

1. 简介

Halcon 可在 UNIX、WinNT/2000/XP 等平台下运行，它独有的 Library 提供了千余个为影像分析作业、数据可视化和除错等功能所设计的运算符，用户可以利用运算符通过 C 或 C++等程序语言自行编写图像处理程序。

此外，Halcon 还支持 Windows NT/2000/XP 下的 COM 接口，所以用户也可以通过 Visual Basic 使用它，这使得系统的整合更为容易。

Halcon 包含了名为 HDevelop 的程序设计界面，减少了设计软件所花费的时间，还有一个好用的联机帮助功能，用户可以查到关于 Halcon 运算符间功能相近的替代者、可能的变化及交互的参考。

Halcon 从 6.0 版开始提供两个版本，除了标准版外，还有支持平行运算的 parallel 版本。Halcon 可通过使用多 CPU 的机器来提高指令周期。

（1）库介绍

Halcon operator library 有千余个运算符。所有的 Halcon 应用程序（像是 HDevelop 和 Halcon C++程序）皆是利用 library 来工作。这些库里的算子功能广泛，包含了从简单的读取影像到复杂的滤波（如 Kalman）等。这些算子各有其特定的功能，而不是包含了各种运算。因此一个影像分析功能是由好几个运算符组成的，所以其灵活性远大于由少数复杂算子组成的程序。特别复杂的算子往往只适用于某些工作或者影像，应用范围较小。鉴于此，Halcon 算子通过任意组合来完成工作。众多的算子中，有些是以不同的算法来达到相同的功能。例如，只需要粗略定位时，可用 fast_match 来做最快的运算；而需要精确定位时，可用 best_match 以较多的时间来求得最准确的结果。

Halcon 可处理彩色及多频道影像，也可用于计算影像数据，包含二值化影像、单色、彩色、或是多频影像（多频道影像是以多镜头系统取得的影像数据），在使用上并无差别。

Halcon 提供了快速有效率的 region 用于处理计算。region 除了能使计算更容易外，其尺寸也无限制，而且可以重叠。并且 region 数据经过最佳的编码处理后，在内存中所占的资源极少。

Halcon 可用于感兴趣区域的计算。每个影像中的物体都可由用户自行定义其 region，接着再由运算符进行计算就可以只针对定义区域做处理，因此可以集中运算资源和速度，达到最高的效率。

Halcon 提供了快速的 pattern 匹配。pattern 匹配在许多应用上是很有用的，但是却很费时间。Halcon 有许多不同的 pattern 算法，可以让用户自行决定何时使用。

Halcon 提供了形状导向（shape-based）的匹配计算，使得物体在有重叠或是旋转交叉的状况下仍可计算。除了 pattern 匹配外，形状导向的运算符在物体有缩放、照明改变、旋转或重叠等情况下仍能辨认出物体。从 Halcon 6.1 版开始，增加了一个辅助工具 HmatchIt。HMatchIt 通过简易的设定即可用来测试匹配执行的效率，通过简单的参数调整就能让用户找出最佳的设定值，达到最快的计算速度。

HMatchIt 提供了方便有效的 tuple 功能。tuple 是一种很有用的功能，使用户在处理影像、区域、参数等数据集合时更为便利。Halcon 中的 tuples 可以将相关数据整合成一个对象，用户可以针对单一或多个 tuples 做处理，就不必为一个 tuple 中有多少元素要处理而烦恼，只要将指定的 tuple 丢给运算符，Halcon 就会处理 tuple 中所有要计算的元素。

Halcon 在影像和数据管理上效率卓著。Halcon 有个快速有效的内存管理机制，这个机制提供了数据读写和溢位检查的功能。为了提高效率，共享的影像数据不会在内存中重复。

Halcon 支持 C、C++及 COM 的程序设计。用户可以在自己撰写的 C、C++和 COM 程序中使用 Halcon 算子来完成一个独立的程序。

Halcon 的 HDevelop 工具可以帮助用户开发影像分析程序。编写影像分析程序通常要花费很多时间，为了帮助设计人员找出合适的算子及参数，Halcon 开发出了一套程序工具 HDevelop。首先 HDevelop 有一个图形接口，它使得要使用的运算符和要分析的影像一目了然。其中算子可以自行组合，计算结果会实时显示在影像中，这可以帮助用户了解不同运算符和参数对计算的影响。同时它也会提出一些算子或参数的建议，除了解释算子如何工作外还有范例的说明。当用户觉得计算结果满意了，可以把设计好的结果保存为 HDevelop 的专用档案，下次可再调用，或者是将其输出成 C、C++或 COM 的程序代码，供其他程序调用，就像自行撰写的程序一样。

Halcon 目前支持的设备列表在 http://www.mvtec.com/halcon/中可以查看，其可连接 40 余种影像获取设备。当要连接取像设备时，使用算子 open_framegrabber，并给予格式或获取模式等参数，再用算子 grab_image 即可取得影像。

Halcon 可以让用户自行新增取像设备。如果用户使用的取像设备 Halcon 尚未支持，用户可以通过专用接口并配合一些程序代码来实现与 Halcon 的连接。相关说明请参考 Frame Grabber Integration Programmer's Manual，该手册可以帮助用户了解不同算子和参数对计算的影响。

（2）数据手册

① 《HDevelop User's Manual》介绍与 Halcon 核心功能连接的图形用户接口 HDevelop。

② 《HALCON/C++ User's Manual》介绍如何在用户编写的 C++程序中使用 Halcon library。

③ 《HALCON/C User's Manual》介绍如何在用户编写的 C 程序中使用 Halcon library。

④ 《HALCON/COM User's Manual》介绍如何在用户编写的 COM 程序中使用 Halcon library，例如使用 Visual Basic。

⑤《Extension Package Programmer's Manual》介绍用户如何自己设计一个运算符，并将其整合到 Halcon 中。

⑥《Frame Grabber Integration Programmer's Manual》介绍如何将一个新的取像设备加入到 Halcon 系统中。

⑦《HALCON/HDevelop，HALCON/C++，HALCON/C，HALCON/COM》包括了 Halcon 的所有运算符。

⑧《Application Guide》包括几份各自独立的文件，即所谓的 Application Note。它是基于工业视觉应用的观点编写的，主要介绍一些计算方式的关键问题及使用时的注意事项与要诀等。例如，以形状导向的匹配来寻找物体等。

⑨ MVTec 网站上的所有参考手册都有 PDF 文档及 HTML 文件可供下载，网址为 http://www.mvtec.com/halcon。

2. 认识 HDevelop

（1）一个例子

这里介绍如何从头开始处理一个影像分析问题，在例子中会介绍 HDevelop 的重要功能，目的是让读者逐渐习惯它的使用接口及掌握有效的使用方法。例子属于品控领域的，目的是检查工件上的 bonding balls，该例子位于 Halcon package 的子目录下，即 %HALCONROOT%\examples\hdevelop\Manuals\GettingStarted\example.dev。

如何用 Halcon operator 建立一个 HDevelop 程序？如何找到合适的算子及其参数？如何使用图像及控制变量？如何使用图形窗口？如何产生 ROI？如何利用形态学的方法来解决例子中的问题？如何使用 pattern 匹配？如何使用 control struct？仔细地读完这个例子，读者会熟悉 HDevelop 的各种交互式接口，能够自行开发专用的影像分析程序。

（2）HDevelop 的用户图形接口 GUI

在 Windows 下，选择"开始"→"程序集"→"MVTec HALCON"→"Hdevelop"，启动 HDevelop 程序。程序启动后可以看到一个主界面，其中包含了四个窗口，即 Program、运算符、变量和影像。

① 主菜单。

主菜单中包含了所有 HDevelop 的功能。

File：加载及储存 HDevelop 程序，或是结束 HDevelop 的操作。

Edit：编辑 HDevelop 程序。

Excute：执行 HDevelop 程序。

Visualization：自定义影像窗口外观。

Operators：子目录中含有的程序结构，HDevelop 算子及所有的 Halcon 算子。

Suggestions：提供选用算子的建议。

Windows：各个窗口的管理（重叠、排列、切换等）。

Help：帮助文档。

② 工具栏。

工具栏含有一系列常用功能的快捷方式，同时掌控了 HDevelop 程序的执行。

New：打开 Program Windows 中存在的程序。

Open：打开一个新的 HDevelop 程序。

Save：储存 HDevelop 程序。

Cut：删除程序中被选择的程序代码。

Copy：复制程序中被选择的程序代码。

Paste：粘贴程序中被选择的程序代码。

Run：执行 HDevelop 程序。

Step：执行 HDevelop 中下一个程序指令。

Stop：终止程序的执行。

Avtivate：使程序中选取的部分指令可被执行。

Deactivate：使程序中选取的部分指令被忽略。

Reset：重新启动程序并重设所有变量。

Set parameters：显示。

Visualization：参数的窗口。

Pixel info：显示 pixel info 窗口。

Zooming：显示实时缩放窗口。

Gray histogram info：显示频谱数据。

Region info：显示 ROI 中的各种资料。

③ Program 窗口。

这个窗口是用来显示 HDevelop Program。它可以显示整个程序或是某个算子。窗口左侧是一些控制程序执行的指示符号。HDevelop 刚启动时，可以看到一个绿色箭头的 Program Counter（简称 PC）和一个插入符号，它还可以设置断点（Breaking Point），窗口右侧显示程序代码。

（3）寻找正确的算子

如何选用 Halcon 中一千多个算子呢?主要是根据所要进行分析的工作而定，这要依靠用户的经验及用户对于影像分析领域的了解。此外，Halcon 还提供了一系列使得选择算子更为正确和便利的方法。

① 如果用户知道算子名称的部分字符串，只要在算子窗口的输入栏输入这些字符串，所有包含这些字符串的名字就会列在 combo box 中。

② 每个 Halcon 算子都有 HTML 格式的说明，选择"Help"→"HTML"打开预设的浏览器就可以看到。从这里可以看到所有的影像分析模块，排列方式和 Operator 一样。里面相关的算子间还有交错的连结可以参考。还有一个索引，包含了所有的算子，用户可以从这个索引直接跳转到要找的 HTML 数据。

③ 选择"Suggestion"→"Keywords"，通过关键词进行搜索，让用户去找寻要使用的运算符。窗口左边是分类的功能叙述列表。例如 3d-projection、Arcs 等，单击一下，窗口右侧会列出相关的运算符，在左边多单击几下，右侧的列表内容就会一直增加。要选用算子时，在右边的列表中单击一下，就可以切到算子窗口进行。

选好了算子，如 read_image，就可以从 Operator Knowledge Base 中取得各类参考数据。

（4）HTML 格式的联机帮助

① 在运算符窗口中按下 Help 键就会启动默认的浏览器来显示所有相关的说明。在计

算过程中若是觉得结果不完全符合需求，可以从选择"Suggestion"→"Altinatives"，寻找功能类似或更适用的算子。要注意的是，通常用户必须在速度和精度之间做出选择。例如，可用速度较快的 mean_image 作为某种情况下的 filter。如果要获得高质量的结果时，需使用 gauss_image 或 smooth_image。

②　选择"Sugestions"→"See also"，会列出一些可能相关的算子供用户参考。例如，在使用 read_image 时，会列出 write_image。

③　选择"Suggestion"→"Predecessor"，许多算子在运行时需要其他算子提供计算参数或数据，这里会列出相关数据。例如，要用 junctions_skeleton 计算 skeleton 的交点时，要先用 skeleton 完成 region 之中 skeleton 的萃取。

④　由于某些算子后面常常需要使用一些特定的算子去做后续的计算，选择"Suggestion"→"Successor"，即会提供一些合适的算子供用户选择。

（5）找出正确的参数值

当用户选择了一个算子，例如通过在程序代码上双击或从菜单中选择，算子及其相关变量就会出现在算子窗口中。用户可以自行键入所有参数，但大部分的情况下，从 combo box 中选择适当的参数显然更为便利。部分参数的默认值由 HDevelop 提供。例如，选择"Operator"→"Segmentation"，选用 threshold 来处理影像时，其输入的影像名称默认是由 combo box 选中的"Die"，其参数中的 lower 及 upper threshold 的默认值会使用户输入的影像以其中灰度值大于 128 的部分作为输出的区域，输出的影像名称可自行命名为 Brighregion。为了让输出区域的显示更为明了，可以更改图形窗口的 Visualization Mode。

想要修改参数时，双击程序代码，就会出现对应的运算符窗口，然后用户就可以修改参数。这个时候用户若单击 Apply，这个算子会立刻执行程序并且显示结果，这样就不必从头再执行一次，参数调整到用户要的效果以后，就可以单击"OK"按钮，将修改部分写入 program 中。要注意的是，每次在显示计算结果时要记得清理界面，或者将原始影像重新显示一次，以免显示计算结果的区域或线条等在界面中重叠。

3. 使用 Halcon 未支持的取像设备

如果用户使用的取像设备 Halcon 并未支持，一样也可以将它和 Halcon 整合在一起。这部分请参考 Frame Grabber Intergration Programmer's Manual 及其中的范例程序代码。如果用户已经使用了 Frame Grabber 所提供的 API 来取像，若要让 Halcon 处理用户程序所取得的影像数据，只要将用户程序中储存影像的 buffer 指针传给 Halcon，并使用 gen_image1_extern 即可。